踏沙观海
去旅行

吕宁◎主编

在旅行中，
发现另一个自己。

北京工业大学出版社

图书在版编目(ＣＩＰ)数据

踏沙观海去旅行 / 吕宁主编. —北京：北京工业大学
出版社，2015.3

ISBN 978-7-5639-4238-1

Ⅰ.①踏… Ⅱ.①吕… Ⅲ.①沙漠—青少年读物②海
洋—青少年读物 Ⅳ.①P941.73-49②P7-49

中国版本图书馆 CIP 数据核字（2015）第 041181 号

踏沙观海去旅行

主　　编：吕　宁
责任编辑：李周辉
封面设计：元明设计
出版发行：北京工业大学出版社
　　　　　（北京市朝阳区平乐园 100 号　邮编：100124）
　　　　　010-67391722（传真）　bgdcbs@sina.com
出 版 人：郝　勇
经销单位：全国各地新华书店
承印单位：大厂回族自治县德诚印务有限公司
开　　本：787 毫米×1092 毫米　1/16
印　　张：16
字　　数：193 千字
版　　次：2015 年 4 月第 1 版
印　　次：2015 年 4 月第 1 次印刷
标准书号：ISBN 978-7-5639-4238-1
定　　价：33.00 元

前　言

　　沙漠给人的第一印象是震撼，是一望无垠、纯净的金黄色调和面粉一样细腻、柔软、弹性，是人类无法想象到的大自然鬼斧神工之杰作。"大漠孤烟直，长河落日圆。"诗人当年看到是一个广袤无垠、寂静的沙漠世界。如今，沙漠有的不再是悲凉和寂寞，而是沸腾和欢闹。古人喜欢踏雪寻梅，而今天的人们更喜欢踏沙而行。

　　每到一个沙漠，人们的心灵都会受到强烈的震撼，激动不能自已。站在沙丘之上，目光穿越层层沙海，神驰那空寂辽阔的天空，一种壮怀激烈、豪情四溢的感觉会迅速在身体中弥漫，并不可救药地爱上它。那些曾在梦里浮现的大漠、长河、夕阳、孤烟、驼铃、古酒，此时像画卷一样轻轻地摊在眼前。大漠的浩瀚、诡谲、神秘莫测，曾使多少人心灵震撼、心驰神往。这里的沙子与海边沙滩上的沙子一样细腻、柔软，但没有海滩的沙子中夹杂的细碎贝壳，没有一丝尘土，清纯干净得无法想象，在阳光下泛着金灿灿的黄色。

　　最好的减压方式是进入大自然当中。放下沉重的心理包袱，忘却困扰自己的烦恼，来一次踏沙之行，亲自感受一下大漠的豪情，领略一下不同于以往的景致和情怀，这远胜于在家里上网、睡觉、看电视。只有亲自看过、经历过之后，才会知道沙漠并非那么无情，仍有生命存在，这些生命以不同方式上演着与沙漠之间的生存竞争赛。了解过后，人们会更加懂得坚韧、懂得生存、懂得生命的意义。

在感受过极致的豪迈之后，不妨给眼睛换一种享受。阳光、海滩、美景，一切都让人应接不暇。在感受沙漠的"冷酷"之后，会感觉大海是那样的"温柔"。虽然一个是沙海，一个是大海，虽然都是那样宽广、一望无际，但给人两种不同的极致体验。在海边漫步，听涛观潮，你会看到这里的小生命是那样的有趣、可爱，不禁会赞叹大自然的神奇。

本书共分为五个部分，以沙漠和大海为着眼点，详细地介绍了中国的几大沙漠和沙漠中的动植物，以及中国的最佳观海胜地和海边的一些常见动物。让读者在两种完全不同的景致中，体验别样的极致之旅。相信通过两种截然不同的旅行，读者更能碰撞出思想的火花，学到更多，体悟更多。

目 录

浩荡沙海·踏沙而行

浩荡沙海·踏沙而行

"大漠孤烟直，长河落日圆。"沙漠总是给人一种荒芜、苍茫甚至是凄凉的感觉。然而，沙漠的美是充满无限诱惑的。只有到过沙漠的人，才能真正理解生命的意义；只有深入沙漠腹地的人，才能真正领会到浩荡沙海的雄浑与壮美。

　　沙漠古称瀚海或大漠，在中国古书上又称沙河、大流沙或沙碛。中国是沙漠比较多的国家之一，沙漠广袤千里，绵亘于西北、华北和东北的土地上。

　　沙漠是炎热、干旱的，也是单调、寂寞的。一片死寂的黄色，总是让人联想到死亡。然而，沙漠真正拥有的只是这些吗？当然不是，沙漠有其独特的美丽，每个沙漠都有着一个动人的故事。它的风景有时候也让人叹为观止，会让久居钢筋混凝土建造的都市丛林中的人们心驰神往。

中国第一沙漠——塔克拉玛干沙漠

　　天是蓝的，地是黄的，这里除了蓝、黄两色，再也看不到其他的色彩。沙漠上有的是旋风，一股一股的，把黄沙卷起好高，像平地冒起的大烟，打着转的在沙漠上飞跑。在广袤的中国大地上，塔克拉玛干沙漠占据着其中的一角。站在塔克拉玛干沙漠的边缘，你会立刻被它的独特魅力所吸引。到了这里，沙漠不再是书本中的一个名词，而是可以用手触摸、用脚丈量的土地。

　　塔克拉玛干沙漠是中国西部一片浩瀚、干燥的沙质荒地，横卧在塔里木盆地中部，面积 33.7 万平方千米，是中国最大的沙漠，世界第二大流动沙漠。整个沙漠平均年降水不超过 100 毫米，最低只有 10 毫米。

　　沙漠边缘是连绵不断、起伏很大的沙丘和沙包。越往沙漠东部，沙丘变得越高大。东部的沙丘一般长 5～15 千米，最长 30 千米，宽度一般为 1～2 千米。沙丘类型复杂多样，复合型沙山和沙垄，宛若憩息在大地上的条条巨龙；塔形沙丘群，呈蜂窝状、羽毛状、鱼鳞状，变幻莫测。沙漠有两座红白分明的高大沙丘，名为古董山，分别由红砂岩和白石膏组成，是沉积岩露出地面后形成的。古董山上的风蚀蘑菇，奇特壮观，高约 5 米，巨大的盖下可容纳 10 人。沙漠的沙丘主要以流动沙丘为主，风暴一起，风卷扬沙，铺天盖地而来。

在世界各大沙漠中，塔克拉玛干沙漠是最神秘、最具有诱惑力的一个。"塔克拉玛干"是维吾尔语，意思是"进去出不来"。因此，塔克拉玛干沙漠也被人们称为"死亡之海"。这个称谓可谓是名副其实。古今中外，不知有多少人为探索它的秘密而葬身其中。一个瑞典探险家曾 3 次想进入沙漠的中

阳光下，沙漠里的沙粒闪耀着金色的光芒

央，但每次都因断水而失败了。最后一次，他从沙漠南部进去，中途死了 7 峰骆驼、3 个仆人。他最后只穿了一条裤子爬到和田，被当地居民救活。20 世纪 50 年代以来，中国科学家曾多次深入沙漠腹地考察，发现了丰富的油气资源。但是也付出了沉痛的代价，例如著名科学家彭加木就牺牲在茫茫沙海里。

其实，这里并非人们心中所想象的完全没有绿色和生命。在沙漠的边缘地带，由于河流的经过，往往形成大小不等的绿洲。在各条流入、纵切塔克拉玛干沙漠的季节河河床上，分布许多小绿洲，有一些人常年定居于此。较大的绿洲有和田绿洲、吐鲁番绿洲等。

在塔克拉玛干沙漠上流淌的河流都是内流河，这些河流的水量多来源于高山融雪，故而在春夏时节，河流泛滥。较大的河流有叶尔羌河、塔里木河、和田河和车尔臣河等，其中，塔里木河是最大的河流，也是中国最大的内流河。

在古河道与泉水出露的地方，也生长着一些植物。它们有能适应这极度干旱环境的特征：其根系异常发达，超过地上部分的几十倍乃至上百倍，以便汲取地下的水分，没有叶子，只有枝干；为了生存和繁殖，当稍有雨水时，只用短短的十几天时间，就完成了萌芽、开花、结果的生命周期。胡杨是这里河谷的乔木树种，由于它能把体内多余的盐分从茎叶中排出体外，因此在盐碱地上也能生长。别处的动物有冬眠现象，而这里的动物有夏眠的现象，这是为了躲避夏季的酷热。

白天的塔克拉玛干沙漠赤日炎炎，银沙刺眼，旺盛的蒸发使地表景物飘忽不定，沙漠旅人常常会看到远方出现朦朦胧胧的"海市蜃楼"。沙漠四周，沿叶尔羌河、塔里木河、和田河和车尔臣河两岸，生长发育着密集的胡杨林

1. 中国第一沙漠——塔克拉玛干沙漠中的骆驼群

2. 穿越塔克拉玛干沙漠的公路

和红柳，形成"沙海绿岛"。特别是纵贯沙漠的和田河两岸，长生芦苇、胡杨等多种沙生植物，构成沙漠中的"绿色走廊"，"走廊"内流水潺潺，绿洲相连；林带中住着野兔、小鸟等动物，亦为"死亡之海"增添了一点生机。经考察发现沙层下有丰富的地下水资源和石油等矿藏资源，且利于开发。有水就有生命，科学考察推翻了"生命禁区论"。

在塔克拉玛干腹地海拔 1413 米的古董山上眺望塔克拉玛干沙漠，则是另一种的浩瀚。苍茫天穹下的塔克拉玛干无边无际，它能于缥缈间产生一种震撼人心的奇异力量，令面对此景的每一个人都感慨人生得失的微不足道。

在古董山上看和田河的秋色，是一辈子不能忘怀的。和田河两岸的胡杨在阳光下泛着浓厚的金黄，如宽大的金色丝带缠绕着大地，从天际延伸过来，又蜿蜒消逝到天的另一尽头。这一景色，恐怕在塔克拉玛干沙漠是唯一的。

塔克拉玛干沙漠有着辉煌的历史文化，古丝绸之路途经塔克拉玛干沙漠的南端。许多考古资料说明，沙漠腹地静默着诸多的曾经有过的繁荣。

在尼雅河流、克里雅河流域，西域三十六国之一的精绝国、扞弥国和货国的古城遗址至今鲜有人至或鲜为人知；在和田河畔的古董山上，唐朝修建的古戍堡雄姿犹存。来到塔克拉玛干沙漠就有必要了解一下古丝绸之路文化，而欲了解古丝绸之路文化就不能不了解与之密切相关的西域古国历史，以及千百年来各方面的变迁。如此，才能真正地认识塔克拉玛干沙漠，认识那段淹没在黄沙之下的历史。

这里风景独好

1. 塔克拉玛干沙漠公路

塔克拉玛干沙漠公路，位于中国新疆，是现今世界最长的贯穿流动沙漠的公路，也是中国第一条沙漠公路。这里自古以来就是古丝绸之路的中心，如今已是石油勘探开发的主战场，是中石油、中石化的主力油气田基地，途经轮南油田、塔河油田、塔中油田，促进了地方经济的发展，如今也是众多旅游者前去观光的目的地之一。

2. 罗布泊

罗布泊是中国新疆维吾尔自治区东南部的一个湖泊，被誉为"地球之耳"，又名罗布诺尔，也有称泑泽、盐泽、蒲昌海等。罗布诺尔系蒙古语译名，意为多水汇聚之湖。

罗布泊在塔里木盆地东部，湖面海拔768米，位于塔里木盆地的最低处，塔里木河、孔雀河、车尔臣河、疏勒河等汇集于此，曾为中国第二大咸水湖。汉代以前，湖水较多，西北侧的楼兰城为著名的"丝绸之路"咽喉，之后由于气候变迁及人类水利工程影响，上游来水减少，罗布泊干涸，现仅为大片盐壳。

3. 东方庞贝

尼雅遗址是汉晋时期西域诸国之一的故址，位于塔克拉玛干沙漠腹地、民丰县喀巴阿斯卡村以北，1962年定为自治区重点文物保护单位，现为国家级文物保护单位。

它之所以能够从沙漠中重现天日，源于一个英国籍匈牙利人。这个人就是A.斯坦因。1901年，在西方当时流行的考古探险热潮推动下，斯坦因来到新疆于田。他获得尼雅河流域以北大沙漠里有古代遗址的信息后，找到进入过尼雅遗址的人，并从他们手中购买了几件从尼雅遗址中带出来的卢文木简，随后带着一批发掘工人和骆驼队，沿尼雅河的干涸河床跋涉数天找到了当前的尼雅遗址，他将此遗址正式命名为"NIYASITE"（即尼雅遗址）。斯坦因的发现，在当时的中外探险考古学术界引起了轰动。因为，尼雅遗址不仅是古代丝绸之路的一处重要遗址，它同时向人们展示被斯坦因称为"死亡之海"的塔克拉玛干沙漠所存在的一个悠久、古老、光辉灿烂的沙漠古代文明，尤其尼雅河三角洲的考古文化将会揭示大沙漠环境变迁和历史文化的诸多谜团。之后，越来越多的人关注它、了解它和研究它。于是，"东方庞贝"，一个被大沙漠淹埋的古代文明构成了历史浪漫主义的新概念，一个世纪以来有关其传说和故事源源不断。

1. 认识沙漠

对于久居城市的人们来说，沙漠从来都是平面的，它们只存在于电视、杂志等媒体上，很难有立体的想象，只有一个粗略的认识。

踏沙而行，尤其是走进中国最大的沙漠——塔克拉玛干沙漠，浩瀚、无垠、广袤，似乎任何的词汇都不足以概括它。沙漠的形象也从平面的变成立体的，变得生动、形象起来。细心观察、处处留意，就会对沙漠有一个初步的认识，要想深入地认识它则需要人们一点一点地学习。在这个过程中，人们会有许多的疑问，引发人们去思考，从而让人们对沙漠有了一个更加深刻的认识。

2. 认识生命的无常

沙漠，不光只有美丽，也有非常恐怖的时刻。有时，因为自身的一个疏忽，或者是天气突变，很容易发生危险，这个危险将直接威胁生命。在沙漠中，会让人更能体会生命的无常。认识了生命的无常，就会照料好自己，就会更加珍惜生命的每一刻，珍惜自己周围的一切有缘的人和事，就会活得更深刻，就会更好地享受生活。

诗情画意的古尔班通古特沙漠

古尔班通古特沙漠位于新疆准噶尔盆地中央，玛纳斯河以东及乌伦古河以南，是中国第二大沙漠，同时也是中国面积最大的固定和半固定沙漠，面积有大约 4.88 万平方千米，水源较多。它主要由 4 片沙漠组成，西部为索布古尔布格莱沙漠，东部为霍景涅里辛沙漠，中部为德佐索腾艾里松沙漠，其北为阔布北 – 阿克库姆沙漠。

和塔克拉玛干沙漠不同，它不是那种寸草不生的流动沙山，而是固定和半固定的沙丘。沙漠的西部和中部以中亚荒漠植被区系的种类占优势，广泛分布白梭梭、苦艾蒿、白蒿、囊果苔草和多种短命植物。沙漠西缘有甘家湖梭梭林自然保护区，为中国唯一因保护荒漠植被而建立的自然保护区，面积上千公顷。古尔班通古特沙漠的梭梭分布面积达 100 万公顷，在古湖积平原和河流下游三角洲上形成"荒漠丛林"。

古尔班通古特沙漠下蕴含着丰富的石油资源。其中最著名的是彩南油田，是中国投入开发的第一个百万吨级自动化沙漠整装油田。

那么，古尔班通古特沙漠是怎样形成的呢？其原因主要有两个，那就是干旱和风。加上人们滥伐森林树木，破坏草原，令土地表面失去了植物的覆盖，沙漠便因而形成。其沙漠的沙粒主要来源于天山北麓各河流的冲积沙层。沙漠中最有代表性的沙丘类型是沙垄，占沙漠面积的 50% 以上。沙垄平面形态呈树枝状。其长度从数百米至十余千米，高度自 10~50 米不等，南高北低。在沙漠的中部和北部，沙垄的排列大致呈南北走向，沙漠东南部成西北—东南走向。

公路、风蚀

蓝天、白云、风蚀构成一幅极美的风景

　　在这条浩荡沙海上，绿洲与沙漠犬牙交错，形成独特的自然人文景观。在这里，生命与死亡竞争，绿浪与黄沙交织，现代与原始并存，是观光考察自然生态与人工生态的理想之地。有寸草不生、一望无际的沙海黄浪，有梭梭成林、红柳盛开的绿岛风光；有千变万化的海市蜃楼幻景，有千奇百怪的风蚀地貌造型；有风和日丽、黄羊漫游、苍鹰低旋的静谧画面，有狂风大作、飞沙走石、昏天黑地的惊险场景。中午黄沙烫手，可以暖熟鸡蛋；夜晚寒气逼人，像是进入冬天。

　　进入古尔班通古特沙漠，你会发现这里一点也不恐惧，这里也并不缺少生机。梭梭、红柳、苦艾蒿、白蒿、蛇麻黄、囊果苔草和多种短命植物等物种颇多，黄羊、骆驼、野兔等更是随处可见。这里，没有满天黄沙，却有湛蓝天空、异常新鲜的空气；这里，绵绵沙丘，蜿蜒流长，连绵不绝，起伏间

1. 乌尔禾魔鬼城
2. 古尔班通古特沙漠一景

见柔美，迂回中显百态；这里，梭梭、红柳姿态万千，婆娑着、扭曲着极力
生长，那固执，那坚强，置干燥和严寒于不见，向风沙宣示着生命的顽强；
这里海市蜃景、风蚀风貌奇特异常，美不胜收。

　　对古尔班通古特沙漠，有专家这样评价："沙漠里，冬季有较多积雪，
春季融雪后，古尔班通古特沙漠特有的短命植物迅速萌发开花。这时，沙漠
里一片草绿花鲜，繁花似锦，把沙漠装点得生机勃勃，景色充满诗情画意。"
"春季开花的短命植物群落最引人瞩目，冬季的雪景、春季的鲜花、夏季的
绿灌都各有特色。"

　　如果这还不够，茫茫大漠绿洲沿途还有很多古"丝绸之路"文化遗迹。
北庭都护府遗址、土墩子大清真寺、烽火台、马桥故城、西泉冶炼遗址、
105团场头道沟古城遗址等，足以让人流连忘返。

　　古尔班通古特沙漠非常适合想要走出城市的人们观光旅游、探险穿越，

在这里，你会知道天地的辽阔、沙漠的广袤，才会知道原来自己所纠结的事情是多么不值得一提，内心的压力和烦闷似乎被沙漠的风慢慢地带走，剩下的就是宽容、自信和继续前进的勇气。

这里风景独好

1. 魔鬼城

在沙漠的西南部分布着沙垄—蜂窝状沙丘和蜂窝状沙丘，南部出现有少数高大的复合型沙垄。流动沙丘集中在沙漠东部，多属新月形沙丘和沙丘链。沙漠西部的若干风口附近，风蚀地貌异常发育，其中以乌尔禾的"风城"最著名。

乌尔禾"风城"位于准噶尔盆地西北边缘的佳木河下游的乌尔禾矿区，是一处独特的风蚀地貌，当地人称为魔鬼城。

魔鬼城地面海拔高 300~500 米，平均海拔 380 米，长约 5 千米，宽约 3 千米，面积约 15 平方千米，由一系列近北西—南东走向的孤立台地组成。台地高 10~50 米，由广泛出露的白垩系下统吐谷鲁群构成，主要岩性为浅水湖泊相灰绿色细砂岩与棕色、褐红色泥岩、砂质泥岩，吐谷鲁群略呈水平状，向东南方向微倾，倾角约 5 度。属典型的雅丹地貌，是受风力和流水作用的影响形成的。

亿万年以前，由于风雨剥蚀，地面形成深浅不一的沟谷，高低错落的山丘，裸露的石层被狂风雕琢得奇形怪状，千姿百态。有的龇牙咧嘴，状如怪兽；有的危台高耸，形似古堡，或似亭台楼阁，檐顶宛然；有的像宏伟宫殿，傲然挺立；有的像耸入云霄的摩天大楼或像平地突起的压形牌坊，有的好似尖顶教堂或似圆顶寺庙；有的像一头昂首跋涉的骆驼，有的峰顶巨石像猴儿戴帽。经过亿万年岁月，大自然的"手"雕刻出千奇百怪、栩栩如生的各种形态，属千古杰作，神秘壮观，令人浮想联翩。在起伏的山坡上，布满着血红、湛蓝、洁白、橙黄等各色石子，宛如魔女遗珠，更增添魔鬼城的神秘色彩。

2. 驼铃梦坡

驼铃梦坡是一座天然的荒漠植物园，位于古尔班通古特沙漠南缘的石河子150团场，是一片原始、粗犷、一望无垠的沙漠世界。这里沙丘连绵，沙浪起伏，宛如浩瀚的金黄海洋。在这里，24科89属149种沙生植物以顽强的生命力在这干旱的沙坡上生生不息。那些葱绿的梭梭、茂密的胡杨、沁人心脾的沙枣、飘逸羽叶的三芒草、富有药用价值的大黄与黄芪、"叮当"作响的铃铛刺、形似鹿角的苍劲梧桐，还有盘根错节的红柳，组成了一幅色、味、声、像并茂的大自然景观。驼铃梦坡又是一座天然的动物园，这里活跃着国家保护动物野驴、野猪、黄羊、狼、狐狸、跳鼠、娃娃头蛇、斑鸠、野鹰、沙枣鸟等百余种动物，这些飞禽走兽在大漠的草林中安居乐业、生儿育女。

来到野趣十足的驼铃梦坡，人们可以爬沙丘、涉沙海，进行徒步探险，也可以借助"沙漠之舟"，一边听着悦耳的驼铃声，一边饱赏大漠风光。投身于沙海的怀抱，接受温暖的沙浴，夜风习习、沙床融融，鸟雀为你唱着催眠曲，草木为你送来扑鼻香。

1. 准备行囊

人不能没有准备就贸然进入沙漠。否则，迎来的将不仅仅是麻烦，更可能是对生命的威胁。因此，在临行之前，一定要做好计划，做好准备。如果是第一次到沙漠旅行，考虑肯定会不周全，可以试着向周围去过沙漠的人请教，也可以在网上下载攻略，多问、多学，就会知道自己到底该如何准备行囊了。记住，最好是自己动手，这样在需要某件东西时，可以做到心中有数。

2. 最好的素材

魔鬼城，名字听起来令人毛骨悚然，其实一点也不恐怖。相反，这里有令人惊叹的美丽。魔鬼城中的每一个风蚀景观都是独一无二的，都是最好的绘画和摄影素材。你可以在此画几幅有特点的景观，拍几张美丽的照片，同你的亲人、朋友分享此刻美丽的风景和快乐的心情。

中国最美丽的沙漠——巴丹吉林沙漠

在巴丹吉林沙漠中生活的牧民，世世代代善待沙漠，沙漠也给他们提供了理想的生存环境，创造了人与自然相安如初的大漠生态文化。一个湖泊，一个沙窝，就是一个生物圈，就是一个创造生命奇迹的故事。自 1984 年以来，先后有法、日、美、奥地利、新加坡等国家及国内许多专家学者前来考察。1993 年，中德联合考察队对巴丹吉林沙漠进行了综合考察，获得了大量有价值的资料，发现了鸵鸟蛋和恐龙化石，在沙漠腹地的湖泊周围还发现了大量的新石器和旧石器时期遗址，经考古分析，这里在 3000~5000 年前就有人类活动的遗迹。1996 年，德国探险旅行家鲍曼出版了《巴丹吉林沙漠》一书，轰动了欧洲探险界。

沙漠因为缺少水而生成，因为缺水而被称为生命的禁区，但在极度干旱的巴丹吉林沙漠却有着沙山和湖泊共存的奇观，这让全世界的人都为之费解。现在就让我们一窥巴丹吉林沙漠的究竟。

镶嵌在巴丹吉林沙漠中的海子

　　巴丹吉林沙漠位于内蒙古额济纳族、阿拉善右旗和阿拉善左旗境内，由众多的沙山和沙间湖泊相伴组成。沙山高大雄伟，湖水晶莹湛蓝，这种独特的沙漠景观堪称是沙漠中的极品，在世界上也是独有的。它因拥有 100 多个美丽的沙漠湖泊、芦苇荡而备受世界青睐，因此被誉为"中国最美丽的沙漠"。受风力作用，沙丘呈现沧海巨浪、巍巍古塔之奇观。宝日陶勒盖的鸣沙山高达 200 多米，峰峦陡峭，沙脊如刀，沙子下滑时的轰鸣声可响彻数公里，也有"世界鸣沙王国"之美称。

　　这里的沙漠无边无际，总面积 5 万平方千米，是我国第三、世界第四大沙漠。并且，在沙漠西北部还有 1 万多平方千米的地域至今尚无人类的足迹。奇峰、鸣沙、秀湖、神泉、古庙堪称巴丹吉林"五绝"。在沙漠腹地高大的沙山间，湖泊星罗棋布，当地人称其为海子，它们犹如蓝宝石般镶嵌在大漠里，并散发出耀眼的光芒。这些海子的面积一般为 1~1.5 平方千米，最大深度可达 6.2 米。由于蒸发强烈，湖泊积聚大量盐分，湖水大多不能饮用或灌溉。不过，让人不可思议的是，咸水湖里会有淡水泉眼，并且喷出的水

1. 美丽的巴丹吉林沙漠中有一商队正在沙梁上行进

2. 朝拜沙漠故宫的路

十分甘甜，这不禁令人称奇。在海子的周围是沼泽化草甸和盐生草甸，也是大漠中重要的牧场和居民点。巴丹吉林沙漠平均每 10 平方千米不到一人。在整个沙漠内部，仅有巴丹吉林庙和库乃头庙两大居民点。基本无种植业，全部经营牧业，骆驼为这里主要的家畜，数量居全国各旗县之冠；次为山绵羊。

在地质构造上，巴丹吉林沙漠属阿拉善地块，地貌形态缓和，主要为剥蚀低山残丘与山间凹地相间组成，第四纪沉积物普遍覆盖于地表，形成广泛分布的戈壁和沙漠。在沙漠范围内，除东、南、北部有小面积的准平原化基岩和残丘外，广大地区全为沙丘覆盖，其中流动沙丘占 80%。西部边缘的古鲁乃湖、北部的拐子湖、东部的库乃头庙附近有以梭梭为主的固定与半固定沙丘，面积约 3000 平方千米。沙丘高大密集，其中高大沙山占沙漠总面积的 61%，高度多在 200~300 米，最高可达 500 米。有叠置沙丘的复合型沙山、金字塔形沙山及无明显叠置沙丘的巨大沙山等 3 种形式，单纯的沙丘链所占面积较小。

有一处沙漠，从地上铺到天上，又从天上漫到无际无涯；有一处沙漠，曾因德国探险家鲍曼的一本书而轰动了整个欧洲；有一处沙漠，因其中星罗棋布的大小湖泊而成为这世上的唯一。它就是中国最美的沙海，它就是至美至情的巴丹吉林。

这里风景独好

1. 必鲁图沙峰

位于巴丹吉林沙漠腹地的必鲁图沙峰，有"沙海珠穆朗玛峰"之称，多少年来鲜有外人登攀。作为"世界沙漠第一高峰"，在一般地图上难以找到。其海拔1617米，相对高度500多米，比位于非洲撒哈拉沙漠的世界第二高沙峰还要高出70余米。

沙窝中顽强的植物沙葱

必鲁图沙峰屹立在茫茫沙海之上，峰尖高耸云天。由峰尖往下延伸着多条沙脊，沙脊之间形成许多沙窝。沙窝是沙漠生命的"摇篮"，一簇簇的黄蒿、沙米和骆驼刺在这里顽强地生长着。必鲁图沙峰峰顶，有芨芨草在随风飘摇。极目远眺，千里瀚海沙丘如波，

层层叠叠，涌向天际，蔚为壮观。有人感叹，沙漠是最具有曲线美的地方。的确，随目望去，远远近近的沙漠地貌布满了如同水波、耳廓、蜗牛壳一样的美丽景观，这都是风神的杰作。

登临峰顶，还能俯瞰到沙峰四周相隔着几公里的6个湖泊。它们在夕阳的照射下，熠熠闪光，湖畔有袅袅炊烟升起。令人不禁想起"大漠孤烟直，长河落日圆"的诗句。

2. 神泉

巴丹吉林沙漠有五绝，其中当以神泉最令人匪夷所思。

泉眼之多、之奇集中在一个叫音德日图的海子，这个海子号称有一百单八泉，"磨盘泉"就在海子中一块破水而出的大石头上，石头约有1米多高，顶部大致有3平方米，状如磨盘，其上泉眼密布，泉水披挂而下。这个泉的水被称为"圣水"，旧社会时不让妇女靠近，当地人依旧遵守着这个习俗。

在海子的北部，离岸边有5米远的湖水中，有一眼突泉，水柱如脸盆一般大小，水面上浪花翻滚，宛若莲花。当地人说，前些年有人在泉的四周围了围堰，想建个池塘，无奈沙漠中没有土石，用沙子堆起的围堰经不住水的压力，崩塌了。如今那个围堰早被泉水荡平，连痕迹也全然不见。

音德日图的泉水最著名的被誉为"神泉"。该泉处于湖心，涌于石上，在不到3平方千米的地区有108个泉眼，泉水甘洌爽口，水质极佳。著名的苏敏吉林庙是阿拉善最古老最有名的历史人文景观之一，该庙建于1755年，建筑分上下两层，面积近300平方米，相传修庙的一砖一瓦、一石一木都是靠人工运进的。

3. 庙海子与"沙漠故宫"

庙海子的意思是"有庙的海子"。海子边有一座藏传佛教寺庙，建于1755年。这座白墙金顶汉藏混合的建筑背靠沙山，面朝湖水，庄严肃穆，幽静典雅，被称为"沙漠故宫"，是巴丹吉林沙漠的地标，亦是牧民心目中神圣的殿堂。由于深处大漠、人迹罕至，一直保持着原貌，而庙的一砖一石一瓦一木，都是用骆驼从沙漠外运进来的。寺外还有一座白塔，在黄沙蓝水间显得格外抢眼。传说寺庙是大量身怀绝技的能工巧匠，采用了雅布赖山和天山的石头做基石和栋梁建成的，是沙漠中唯一从始建保存至今的寺庙。每天傍晚，夕阳映红了沙山，连同湖岸婆娑的柳树与古庙一起静静地倒映在水中，如梦似幻。

庙海子是个神奇的湖。湖周围是沙山，这里一年的降水量仅有几十毫米，蒸发量远大于降水量，湖水含盐量高，但却不曾枯竭，也不曾被风沙掩埋。湖中有淡水泉眼，还有一眼听经泉，每当寺庙诵经，泉水就会汩汩流出，诵经声一停，泉水也戛然而止。

这里的地下水丰沛，只需挖几米深，就有淡水了。这是巴丹吉林沙漠的神奇之处。据最新研究推测，沙漠之下可能隐藏河网，水源来自500千米外的祁连山，或者是更遥远的青藏高原的冰雪消融渗入地下流入暗河。

庙海子边有十几户牧民，以前靠放牧为生，湖里的卤虫亦是牧民的收入来源之一，据说卤虫含有丰富的蛋白质，是鱼、虾类幼体的最佳饲料，牧民称之为盐虫子，虫体通红形如虾。每当秋季，牧民捞起卤虫晒干。近几年为保护沙漠生态限制放牧，年轻人多数出外谋生去了，年长者留守居住，政府补贴建房，在旅游季节接待游客食宿。旅游收入是牧民的主要收入来源。

1. 品尝美食

在阿拉善右旗有很多不错的当地特色小吃，口味以蒙古族特色为主。想要了解一个地方，从饮食入手也是一个不错的方法。学会品尝美食也是一种能力。不过，在品尝美食过程中一定要控制数量。否则，不仅给身体带来负担，还会耽误自己的行程。学会自控，才能品尝更多的美食。

2. 购买当地特产

外出旅游，当地总有一些能够代表当地的特产。而人们也总是喜欢买些特产当作礼物送给亲朋好友。礼物不拘钱多钱少、多大多小，全是一份心意。但是，有一点要注意，那就是要理性购物，谨防掉入不法商家的所谓"特色购物""平安购物""低价折扣"的陷阱。要仔细查看所购商品标识、保质期、生产日期，并清点货品，以免等到回家后再发现问题给维权增加难度。同时，大家在旅途中购买商品谨记索要发票。

沙漠迷宫——腾格里沙漠

  湛蓝天空下，大漠浩瀚、苍凉、雄浑，千里起伏连绵的沙丘如同凝固的波浪一样高低错落，柔美的线条显现出它的非凡韵致。这就是腾格里沙漠给人的第一印象。进入腾格里，才知道"腾格里"是蒙古语"天一样大"的意思，用以描述沙漠像天一样高远、辽阔。当地牧民说："登上腾格里，离天三尺三。"他们对腾格里沙漠万分敬畏，却又十分依恋。从古至今，蒙古族牧民在腾格里沙漠的绿洲上建立家园，他们在绿洲之间来往迁徙。这里的绿洲是鸟类和走兽的栖息地，万物在这里完成了生命的繁衍。

  腾格里沙漠是中国第四大沙漠，它雄踞在内蒙古阿拉善盟的东南部，介于贺兰山与雅布赖山之间，面积3.87万平方千米。沙漠包括北部的南吉岭和南部的腾格里两部分，习惯统称腾格里沙漠。大部分属内蒙古自治区，小部分在甘肃省。

  其形成原因，主要有两个：干旱和风。加上人们滥伐森林树木，破坏草

像天一样高远的腾格里沙漠

原，令土地表面失去了植物的覆盖，沙漠便因而形成。沙漠的形成，除了干旱气候条件与滥伐森林树木，破坏草原外，还要有丰富的沙漠物质来源，它们多分布在沉积物丰厚的内陆山间盆地和剥蚀高原面上的洼地和低平地上。沙源有来自古代或现代的各种沉积物中的细粒物质。如中国的塔克拉玛干沙漠和古尔班通古特沙漠的沙源于古河流冲积物；腾格里沙漠、毛乌素沙漠和小腾格里沙漠的大部分沙源于古代与现代的冲积物和湖积物；塔里木河中游和库尔勒西南滑干河下游的沙漠都来自现代河流冲积物；腾格里沙漠和贺兰山、巴音乌拉山前地区的沙丘来源于洪积冲积物；鄂尔多斯中西部高地上的沙丘来源于基岩风化的残积物。

虽然腾格里沙漠一望无际，看上去非常荒凉，但是在沙漠深处还分布着数百个存留数千万年的原生态湖泊，半数有积水，为干涸或退缩的残留湖。沙漠里的每个湖泊都是一个绿洲，有着独特的生态类型，是世界上旱生、高旱生生物多样性中心，非常珍贵。多为无明水的草湖，面积为 1~100 平方千米。呈带状分布，水源主要来自周围山地潜水。湖盆内植被类型以沼泽、草甸及盐生等为主，是沙漠内部的主要牧场。大部分为第三纪残留湖，是居民的主要聚居地。其大多数为无积水或积水面积很小的芨芨草、马蓝等草湖。腾格里沙漠中的湖盆光热充足，水分条件较好，地下水较丰富，埋深1~2 米，是沙漠内的绿洲，也是牧民世代居住生息之地。这些湖泊的分布特征是：在沙漠中南部的湖盆一般延伸长 20~30 千米，宽 1~3 千米，湖盆分布呈有规则的南北走向平行排列，其间为宽 3~5 千米的流动沙丘带所分隔；在西部和南部边缘的湖盆大都为不规则分布，面积大小不一，并有许多湖水、泉水补给，水质良好，植被繁茂，面积虽小，却是当地水草丰美的畜牧业基地。由以上情况看，腾格里沙漠，尤其是南部，湖盆星罗棋布，并有一些平坦开阔的土地，黄河流经其地。

尽管腾格里沙漠中湖盆、山地、残丘及平原等地貌交错分布，但沙丘还是主角，占到了71%，其中流动沙丘又占70%。流动沙丘以高 10~20 米的格状沙丘及格状沙丘链为主，在风的推动下，这些格状沙丘呈波浪状向贺兰山和黄河推进。从 20 世纪 60 年代开始，腾格里沙漠中的植被在干旱

1. 腾格里沙漠中的居民　　2. 腾格里沙漠中的湖泊

3. 其实，在很久以前，腾格里沙漠也曾绿树成荫、水光潋滟。不过，这样的光景，现在的人们是看不到了

和过度放牧的双重重压下，遭到了严重破坏。从此，一望无际的沙丘开始成为这块土地的主导景观。但沙漠并不意味着就是"寸草不生"的"生命禁区"，在一个个看不见的沙丘背风处，隐藏着背风的骆驼。如果被它们发现人类的踪迹，它们会迅速逃得无影无踪。这些骆驼是阿拉善骆驼大军中的几个"散兵游勇"，没有缰绳和围栏的约束，它们跑到沙漠腹地觅食，几乎和野骆驼没有区别，憔悴、掉毛、驼峰瘪塌，却能爆发出惊人的能量。其实，腾格里沙漠曾经是世界上最好的骆驼聚集区，有着上百万只双

峰驼，但现在数量已经锐减到十几万只，可见这里的生态结构之脆弱。

毋庸置疑，腾格里沙漠是美的。对于这种美，每个人的感受和理解都不一样，需要人们近距离地感受它、体会它，再丰富的语言也不如到此一观。当你累了、乏了，不妨来一次说走就走的旅行，也是不错的体验。到了这里，你一定会觉得眼前豁然开朗，心里的压抑似乎也随着游走的沙粒溜走了，整个人都变得轻松、自在了！你会觉得生活是那样的美好，这就是腾格里沙漠带给人的力量。

这里风景独好

1. 月亮湖

月亮湖，位于中国内蒙古阿拉善盟境内腾格里沙漠的腹地，在它3千米长、2千米宽的湖岸线上，挖开薄薄的表层，便可露出千万年的黑沙泥。月亮湖一半是淡水湖，一半是咸水湖，湖水含硒、氧化铁等10余种矿物质微量元素，且极具净化能力，湖水存留千百万年却毫不混浊，虽然年降水量仅有220毫米，但湖水不但没有减少，反而有所增加。经过检测，月亮湖独有的黑沙泥富含十几种微量元素，品质优于"死海"中的黑泥，可谓是腾格里沙漠独一无二的纯生态资源。

月亮湖有三个独特之处：一是形状酷似中国地图：站在高处沙丘一看，一幅完整的中国地图展现在眼前，芦苇的分布更是将各省区一一标明。二是湖水天然药浴配方：面积为3平方千米的湖水，富含钾盐、锰盐、少量芒硝、天然苏打、天然碱、氧化铁及其他微量元素，与国际保健机构推荐的药浴配方极其相似。湖水极具生物净化能力，能迅速改善、恢复自然原生态本色。三是千万年黑沙滩：长达1千米，宽近100米的天然浴场沙滩。推开其表层，下面是厚达10多米的纯黑沙泥，其质地远超死海的黑泥，更是天然泥疗宝物。

景区水、电、通信设施齐备，交通便利，有公路直达景区接待站。距银川机场、火车站130千米左右。月亮湖是零星分布在这片沙漠中400多个沙漠湖泊中的一个，水面约3平方千米，水深2~4米。据地质考察，它在6000万年前就存在。这里也是著名的沙漠地质公园。

2. 沙坡头

沙坡头地处腾格里沙漠东南边缘处的沙漠和草原的过渡带上。东边的贺兰山遏制了腾格里沙漠的东移，大漠到此戛然而止，从而造就了"塞北江南"。它，北面是烟波浩渺的腾格里沙漠；南面是九区黄河著名的大拐弯处，黄河在此转弯掉头向东即大河东流。这里水面宽阔，水流平缓，河中一堤将河水分出南北两岸，创造出了自然灌溉的奇迹！这一古老的引水工程，为中卫古八景之一的"白马拉缰"，被称为宁夏的"都江堰"。这里是"天下黄河富宁夏"的开端，也是宁夏平原的起源。

在沙与河之间，是一片郁郁葱葱的绿洲。沙与河这对本不相融的矛盾体，在沙坡头却被大自然的鬼斧神工巧妙地融合在了一起，浩瀚无垠的腾格里大沙漠、蕴灵孕秀的黄河、横亘南岸的香山与世界文化遗产战国秦长城、秦始皇长城……谱写出一曲大自然的梦幻交响曲。

此地，沙为河骨，河为沙魂，和谐共处。黄沙粒细，光脚走在上面非常

舒服，还能治疗关节炎、风湿病和各种风寒病。这里集大漠、黄河、高山、绿洲为一处，既具西北风光之雄奇，又兼江南景色之秀美。

站在沙坡头远眺，沙海静默，黄河拍岸，真乃天下奇观！矗立大河拐弯地500多年的黄河水车仿佛在向人们诉说河套村落久远的故事。使人遐思，让人怀想："黄河之水天上来，奔流到海不复回……长风破浪会有时，直挂云帆济沧海。"

来到沙坡头没有不骑骆驼和滑沙的。骑骆驼、踏沙，领略古丝绸之路的异域风情；滑沙飞瀑，从高约百米的坡顶速降，敲响沉闷浑厚的"金沙鸣钟"。沙坡下还有一泉一园。一泉，人称泪泉，泉水清澈，常年不枯，自成小溪，流入黄河。泪泉不远处有鸣钟亭，亭内悬一巨钟，上有"沙坡鸣钟"字样，用杵击之，声闻数里，这悠扬的钟声，也是告诫世人"爱护自然，保护环境"的警钟。一园，曲径幽幽，古朴自然，古称蕃王园，今名童家园。园内林木繁茂，果林相间，绿草如茵，叠翠流红，溪流淙淙，鸟语花香，被誉为"沙海明珠""世外桃源"。

3. 天鹅湖

在腾格里沙漠的金色沙海之间点缀着无数个宁静清幽的沙漠湖泊，天然的原生态环境、人与自然的和谐友善，使高傲的天鹅群在漫长的旅途中在此驻足小憩，形成了一处涵盖40余个天然沙湖的大天鹅湖群。腾格里沙漠天鹅湖风景区的命名由此而来。

天鹅湖安静地躺在腾格里沙漠的怀抱里，是一种婴儿对母亲的偎依，安详、自然，不用修饰。天鹅是候鸟，每年3~4月和9~10月，各种候鸟在此停留，此时只见野鸭、灰鹤上下翻飞，有白天鹅、野鸭、灰鹤、麻鸭等百余种鸟类，在蓝天上写下喜悦，唱着对生态环境的呼唤。湖光沙色，鸭戏鹅飞，生机无限。

1. 夜宿沙漠

要真真切切体验大漠的神奇，还是要在大漠里过夜，充分享受沙海的寂静。在空无一人的沙丘中，头枕沙梁，仰望星空，身下的沙漠会传来一丝残留的温暖，有一种说不出的舒坦。不过想要这样干之前，一定要找一个好天气，找三五好友一起在沙漠边缘夜宿。如此才会更安全，也能更好地欣赏沙漠的夜晚。

沙漠的夜空，星星特别大、特别亮。微风不时地把沙粒摩擦的响声送到耳边，更显得静谧，人和天地融为一体。晨观沙海日出，暮赏大漠孤烟，寻一份与世隔绝的情怀。相信这一定是一次与众不同的体验。

2. 骑骆驼，领略沙漠旅行的味道

沙坡头沙山的背面是浩瀚无垠的腾格里沙漠，而沙山南面则是一片郁郁葱葱的沙漠绿洲。你可以骑骆驼在沙漠上走走，照张相片，领略一下沙漠旅行的味道。当然，如果从未骑过骆驼或者是内心有恐惧的人，可以请求骆驼主人的帮助，他们通常都可以帮你牵着，而骆驼看到主人在一旁也会变得很温顺。

四大沙地之一——毛乌素沙地

毛乌素沙地是中国第六大沙漠，也称"乌审沙漠"，包括内蒙古自治区的南部、陕西省榆林市的北部风沙丘和宁夏回族自治区盐池县东北部，总面积为 3.98 万平方千米，在我国十大沙漠和沙地中，长期以来被比喻为"最年轻的沙漠"。明长城从东到西穿过沙漠南缘，有黄河支流无定河、窟野河等河流穿过，境内有大小湖泊 170 余个，多为苏打或含氯化物咸水湖。所以，这里并非不毛之地。

毛乌素的地名起源自陕北靖边县海则滩乡的毛乌素村，北宋时期为西夏对抗宋朝军队入侵的屏障，其境内绿洲"地斤泽"为西夏开国太祖李继迁的"龙兴之地"。据地质学者考证，古时候的毛乌素沙地一带是个水草肥美、风光宜人的牧场，是各王朝著名的养马之地，曾经为匈奴、羌、丁零、突厥、党项人所占据。后来由于气候变迁，以及宋与西夏达百年战争的关系，造成水土流失，地面植被丧失殆尽，加上该地区的浅层地表都是由沙砾物质组

成，因而逐渐形成后来的沙地。

当地的历史名城榆林见证着毛乌素沙地的扩张。历史上，榆林的民众经常受到从毛乌素沙地吹来的风沙侵害，曾三次被迫"南拓"，更换城址，是谓"榆林三迁"。不过经当地努力治沙后，令榆林变为著名的"塞上名城"，沙害也减至最低。现在，这里夏季气候凉爽，是旅游避暑的热门胜地，也是人们走出家门、走出城市，放松、解压的好地方。

毛乌素沙地海拔多为 1100~1300 米，西北部稍高，达 1400~1500 米，个别地区可达 1600 米左右。东南部河谷低至 950 米。毛乌素沙地主要位于鄂尔多斯高原与黄土高原之间的湖积冲积平原凹地上。出露于沙区外围和伸入沙地境内的梁地主要是白垩纪红色和灰色砂岩，岩层基本水平，梁地大部分顶面平坦。各种第四系沉积物均具明显沙性，松散沙层经风力搬运，形成易动流沙。平原高滩地（包括平原分水地和梁旁的高滩地）主要分布全新统至上更新统湖积冲积层。

沙区年均温 6~8.5℃，年降水量 250~440 毫米，集中于 7~9 月，占全年降水 60%~75%，尤以 8 月为多。夏季常降暴雨，又多雹灾，最大日降水量可达 100~200 毫米。沙地东部年降水量达 400~440 毫米，属淡栗钙土干草原地带，流沙和巴拉（半固定和固定沙丘）广泛分布，西北部降水量为250~300 毫米，属棕钙土半荒漠地带。

毛乌素沙地处于几个自然地带的交接地段，植被和土壤反映出过渡性特点。除向西北过渡为棕钙土半荒漠地带外，向西南到盐池一带过渡为灰钙土半荒漠地带，向东南过渡为黄土高原暖温带灰褐土森林草原地带。

中华人民共和国成立后，在陕北进行固沙工作，引水拉沙，发展灌溉，植树造林，改良土壤，改造沙漠，成效显著。通过各种改造措施，毛乌素沙

1. 红碱淖神湖上的水鸟 　　　　　2. 塞上名城榆林钟楼

3. 在当地政府的治理下，毛乌素沙地的环境越来越好，绿色植被越来越多，相信总有一天，人们会看到这里草木茵茵

区东南部面貌已发生变化。

　　研究毛乌素沙地的成因，早已是一个比较专业的问题，只有知道它是怎么变成这样的，才知道怎么让它去改善。这里有地质成因说和历史成因说等几种说法。有的研究者的观点是毛乌素沙地最原始的沙漠只是处于现代沙地西部一小片。但因为整个鄂尔多斯高原的浅层地表都是由地质时期形成的沙砾物质组成，草皮一经破坏，就成了沙漠，所以，在历史上的过度游牧后，沙漠终于像一块传染性的牛皮癣，向四周扩散。先秦和秦汉时的毛乌素地区，曾经发展过农业，后来一直是游牧区，直到唐初。后来经不合理开垦，

植被破坏，流沙不断扩大。陕西的一位研究者认为，毛乌素森林草原的破坏，起源于唐初"六胡国"昭武九姓在这里的滥牧。到两宋时期，毛乌素的沙漠化向东南拓展；明末到清初，其推进速度就更快了。

虽然研究者各持己见，但是大家公认的是毛乌素沙地的绝大部分地方在古代曾经水草丰美。5世纪时，毛乌素南部（今靖边县北的白城子），曾是匈奴民族的政治和经济中心。当时草滩广大，河水澄清，风光宜人，是很好的牧场。

后来由于不合理开垦、气候变迁和战乱，地面植被丧失殆尽，就地起沙，形成后来的沙地。毛乌素沙地是在一两千年的时间里逐渐扩展而成的，大约自唐代开始有积沙，至明清时已形成茫茫大漠。

在整个毛乌素沙地的形成过程中，神木—榆林—乌审旗之间的几千平方千米沙地应该是"玄孙"级。事实上，直到清代初期，这里都是森林与草原；到了当代，府谷县西北部和准格尔旗羊市塔乡还存有天然的杜松林和树龄千年的油松，它们是陕西和内蒙古交界的东段地区繁茂森林消失的见证者，也是沙漠南侵最后的坚守者。

如今，曾经一望无际、寸草不生的戈壁沙漠已经变了个模样，一片片林地取代了昔日的漫漫黄沙，筑起了中国塞北沙漠中的一道"绿色长城"。而旁观者要干的就是爱护它、保护它！

1. 榆林

榆林市位于陕西省的最北部，陕北黄土高原和毛乌素沙地交界处，是黄土高原与内蒙古高原的过渡区。东临黄河，与山西省朔州市、忻州市、吕梁市隔河相望，西与宁夏吴忠市、甘肃省庆阳市相接，南接本省延安市，北与内蒙古鄂尔多斯市相连，系陕、甘、宁、内蒙古、晋五省区交界地，是国家历史文化名城之一。

粗犷的黄土高坡、古老的围墙、厚朴的民居、半废弃的窑洞和保存完好的木楼——亮相，让你不得不喜欢这座塞北城市——榆林。

其中，红碱淖风景区位于榆林市神木县西北部，地处鄂尔多斯草原与毛乌素沙漠的交会处，是陕西省最大的内陆淡水湖，素有"大漠明珠"之美称。红碱淖是一颗大漠明珠，镶嵌在陕西的最北端、毛乌素沙漠的边缘。红碱淖是中国最大的沙漠淡水湖，假如从高空看过去的话，如同高原上的一滴眼泪。

红碱淖的面积为 67 平方千米，湖岸线长 43.7 千米，东西最宽处 10 千米，南北最长处 12 千米，最大水深 10.5 米，平均水深 8.2 米，状似不规则的三角形。湖内有一个岛——红石岛，岛上沙滩洁净，沙生灌木丛生，有白天鹅、鸳鸯、海鸥等 30 多种野生禽类在这里繁衍或栖息。

红碱淖四周有七条季节性河流常年注入，蒸发量与补给量基本平衡，水位比较稳定，湖面烟波浩渺，灵气腾腾。湖的东西两侧均以草原牧场为主，水草丰美，牛羊成群；湖的南北两侧以半固定沙丘、滩地为主，沙丘、滩地上有以沙柳、沙打旺为主的大面积防风固沙林带，形成良好的生态环境。蓝天白云下浩瀚的湖水，洁净的沙滩，水草丰盛、牛羊成群的草原，起舞的飞禽，初升的旭日，迷人的晚霞及气势磅礴的惊涛等一起构成了红碱淖风景名胜区独特的自然风光。

2. 无定河

无定河是陕西省北部的一条河流，是黄河的一级支流之一，因其含泥沙很多，常常改道而得名。其河道大致与古丝路陕西段、现在的 210 国道平行。

无定河的名字始见于唐代。因此，它也常出现在唐代边塞诗中，具有特别的象征意义。最著名的为唐代诗人陈陶的《陇西行》："誓扫匈奴不顾身，五千貂锦丧胡尘。可怜无定河边骨，犹是春闺梦里人。"

无定河流入鄂尔多斯境内后又称萨拉乌苏河，意即黄水。上源称红柳河，源于陕西定边县东南的白于山东麓。向东南流经毛乌素沙地南侧和鄂尔多斯市境内。沿途接纳芦河、榆林河、大理河、淮宁河等支流。在清涧县河口村注入黄河。无定河全长 491 千米，流域面积 30261 平方千米。年平均径流量 15.367 亿立方米，而平均每年输入黄河的泥沙达 2.17 亿吨。

据地质学者考证，古时候，无定河是一个水草肥美、风光宜人的牧场，是中原王朝著名的养马之地，在历史上先后被不同民族所占据。直到唐朝中叶，无定河两岸逐渐形成以风沙滩地、河塬涧地、黄土丘陵沟壑三种类型为主的地形地貌。造成地貌大变迁的原因，主要是当地的干旱气候、战乱和屯军开垦，令当地生态环境开始恶化，从黄土高原冲刷下来的黄沙，导致河水含沙量惊人。河床淤积的大量泥沙，又使河道难以稳定，这才有了"无定河"的正式名称。

1. 和父母一起制订旅行计划

如果父母想要带孩子来这里旅行，一定要事先制订旅行计划，选择最佳的旅行路线。在做计划的同时，父母不妨也让孩子参与进来。这样不仅能培养孩子的团队精神，更能让孩子对整个行程有个初步了解。这对他自己将来在学习中做计划也是一个学习。

2. 热爱生活，保护环境

沙漠之所以能够向人类居住地入侵，其中一个原因就是人们不注意保护环境。虽然在城市里还没有切身的体会，可是到了沙漠中，环境的恶劣会让人有更深一层的体会，也更能体会环境保护的重要性。因此，每个人都应反思自己在日常生活中干过哪些不环保的事情，想一想将来准备怎么办。

大漠龙头——库布齐沙漠

迤逦东去的茫茫沙漠宛如一束弓弦，组成了巨大的金弓形，大漠浩瀚、长河如带、沙海苍茫、朝日浑圆，气魄宏大。如诗如画的新月形沙丘链、罕见的垄沙和蜂窝状的连片沙丘等诸多沙漠景观自然神奇，是原汁原味的大漠风光，给人以发自内心的震撼。这就是大漠龙头——库布齐沙漠带给人们的极致视觉飨宴。

据史料记载，库布齐沙漠形成于汉代，随着自然和人类的变迁，沙漠面积由小变大，总体趋势是由西北向东南方向扩展蔓延。"库布齐"为蒙古语，意思是弓上的弦，因为它处在黄河下像一根挂在黄河上的弦，因此得名。

库布齐沙漠是中国第七大沙漠，也是距北京、天津最近的沙漠。其位于黄河以南的鄂尔多斯高原北部边缘，沙漠总长400千米，宽度为30~80千米，总面积61万平方千米，像一条黄龙横卧在鄂尔多斯高原北部，横跨内蒙古三旗。沙漠中，流动沙丘约占 61%，形态以沙丘链和格状沙丘为主。气候类型属于温带干旱、半干旱区。沙漠西部和北部因其地靠黄河，地下水位较高，水质较好，可供草木生长。库布齐沙漠的植物种类多样，植被差异较大。东部为草原植被，西部为荒漠草原植被，西北部为草原化荒漠植被。主要植物种类为东部的多年禾本植物、西部的半灌木植物、北部河漫滩地碱生植物，以及在沙丘上生长的沙生植物。在北部的黄河成阶地地区，多系泥沙淤积土壤，土质肥沃，水利条件较好，是黄河灌溉区的一部分，粮食产量较高，向来有"米粮川"之称。

库布齐沙漠里，沙子是金黄的，天是湛蓝的。浩瀚的沙漠，纯净的天空，极目远眺，沙天一色，黄色和蓝色和谐相交，映衬着落日余晖，感觉要在这样的景色里融化。看到这样美丽的景致，不禁会想起库布齐沙漠的由来。

追溯库布齐沙漠的来源，主要可能有三：来自古黄河冲积物；来自狼山前洪积物；就地起沙。鉴于库布齐沙漠的沙丘几乎全部是覆盖在第四纪河流淤积物上，因此，沙源来自古黄河冲积物的可能更大些。

库布齐沙漠中连绵起伏的沙丘

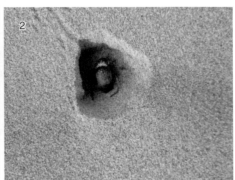

1. 有着"大漠龙头"之称的库布齐沙漠

2. 可爱的沙漠小甲虫

　　不管是哪一种沙源，都为这里形成沙漠准备了物质基础。自商代后期至战国，气候变得干冷多风，使沙源裸露，并提供了动力条件。因此，可以说，库布齐沙漠应是在此期间形成的。这一时期古文化遗址和遗物的罕见，也说明这个时期的生态环境是很恶劣的。荒漠形成，取决于自然与社会两方面的因素：自然因素主要由气候、地质、地貌三个因素作用；社会因素，主要是人为活动破坏草原和森林植被导致平衡失调。库布齐沙漠地区虽然在白泥窑文化、庙子沟文化期遗址较少，但到了阿善文化及其之后的永兴店文化、大口二期文化和朱开沟文化期，遗址却是很多的，反映了人口也有一定数量，它对于库布齐沙漠的形成，自然会起到推波助澜的作用。因此，也可说库布齐沙漠的形成，自然因素是主要的、基本的，社会因素是从属的、辅佐的，只起促进或延缓作用。

　　人们想象中的沙漠，总是笼罩着些许光环，它们是三毛笔下的沙漠——安详、宽容、澎湃，甚至是浪漫的。沙漠有这一美好的一面，可是它们的另一面就让人讨厌了。扬尘和沙尘暴，它们都源于沙漠。库布齐沙漠在这一方面更是十足的"坏小子"，环境之恶劣，太阳之毒辣，都会让到这里的人苦不堪言。不过，硬币还有另一面，沙漠在破坏人类生存环境的同时，给人类带来了可供开发利用的许多宝贵资源，所以人称沙漠浑身都是宝。且不说沙漠底下的石油、天然气和其他矿藏等这些真宝贝，单说沙漠里取之不尽、用之不竭并且害得人类好惨的大风，也是宝；库布齐沙漠里日日曝晒的强光，也是宝；还有太阳能等这些气象资源，它们都是无价之宝。

　　库布齐沙漠中充足的太阳能也成了主要能源之一。太阳能研究取得了巨

七星湖，库布齐沙漠中唯一的绿洲

大的成功。太阳能在民用取暖、热水供应或农产品生产应用等方面已十分普及，居民建筑都配置了太阳能供热装置，全国居民生活用热水、取暖、照明等大都通过太阳能解决。农业生产中，温室气温调节、灌溉系统和科研观测系统的用电多数已采用太阳能，太阳能还用于农业土壤消毒和病虫害控制。科研人员正在开发太阳能发电，已取得了初步成效。未来能源发展目标之一，就是试图通过太阳能的成功开发来解决荒漠开发，特别是荒漠高技术的农业生产对能源的巨大需求。通过对荒漠地区太阳能充足这一优势的充分发挥，以进一步推进荒漠开发的深度和广度。

所以说，有些事不能简单地定义好与坏，只要合理利用、合理开发，都能变坏为好。与人生一样，也许你现在感觉生活很累、工作压力很大，可是生活带给你快乐、温暖，工作带给你自信、自尊。所以，不要总是抱怨生活、抱怨工作，想一想生活和工作给你带来些什么，也许你就会变得豁达、从容。

1. 响沙湾

著名的"银肯"响沙面临大川，背依茫茫大漠，处于背风坡，形似月牙，是中国各响沙之首，被称为"响沙之王"。"银肯"是蒙古语，为"永久"之意，当地群众也叫它"响沙湾"。该处的沙子，只要受到外界撞击，或脚踏，或以物碰打，都会发出雄浑而奇妙的"空空"声。人走声起，人止声停。因此，人们风趣地将响沙称作"会唱歌的沙子"。但是，阴天下雨或搬运到异地，沙子就不响了。

响沙湾坐落在库布其沙漠东端，沙高110米，宽400米，坡度为45度，地势呈弯月状，形成一个巨大的沙山回音壁。这里沙丘高大，比肩而立，瀚海茫茫，横亘数千米，金黄色的沙坡掩映在蓝天白云下，有一种茫茫沙海入云天的壮丽景象，好似一条金黄色的卧龙。响沙湾被誉为"大漠明珠"，是中国最美的沙漠之一。

其沙漠面积约有1.6万平方千米，其上没有任何的植被覆盖，从沙丘的顶部向下滑会响起"嗡嗡"之声。响沙湾的沙鸣奇迹至今仍是一个谜团，千百年来，人们解释不了响沙的成因，却赋予它许多美丽的传说。

传说很早以前，这里是一座规模宏大的藏族寺庙，正当千余喇嘛聚众诵经、击鼓吹号时，突然狂风大作，顷刻间，将寺庙掩埋在沙漠之中，这声音便是喇嘛们击鼓、吹号的声音。传说虽不能揭开响沙之谜，不过能够肯定的是，响沙是一种自然现象，至于它的原因还有待于科学工作者的继续研究。

通过雄伟壮观的黄河大桥，进入响沙湾，一年四季，只要天气晴朗干燥，从沙顶下滑便会产生"嗡嗡"似直升机马达的轰鸣声。若用双手刨沙，还会发生轻到如同青蛙"哇哇"的叫声，重则像汽车、飞机轰鸣，又如惊雷贯耳，更像一曲激昂澎湃的交响乐。

2. 七星湖

位于库布齐沙漠的腹地，这里尽是沙，奇峰耸拔，环立如障；这里全是湖，碧波涟漪，静谧秀丽；在这里，你可以乘沙漠之舟，走进无垠的大漠，感受大漠的情怀与神秘，可以晨观沙海日出，晚赏大漠落日，在"大漠孤烟直，神湖日月辉"的情景中自由地挥洒豪情，高卧沙山，低傍湖泊，心随景变，情由景生；可以体验牧民新村的生活，品尝蒙古族的特色小吃，感受浓郁的蒙古族文化，寻觅回归自然的无穷乐趣。

1. 注意防晒、防暑

在沙漠中游玩，防护工作一定要到位。尤其是久居城市的人们，由于长期在室内工作，缺乏日照，皮肤通常比较脆弱，很容易就被强烈的阳光晒伤，防晒油是一定要擦的。同时，由于缺乏经常性的运动，都市人的身体素质也要弱一些，因此在防晒的同时也要注意防暑。中午是光照最强的时间，也是沙漠中最难熬的时候，这时最好在户内活动，不要轻易地去挑战沙漠。

2. 深入沙漠腹地应慎行

生活中，总是有人喜欢冒险、喜欢刺激，而沙漠恰恰是一个适合冒险、寻刺激的地方。但是，如果没有过冒险经历，没有在沙漠中生存的能力，就不要随便地深入沙漠腹地，尤其是不要一个人独行。要知道，沙漠的气候是多变的，即使经验丰富的人也不敢轻易地尝试一个人徒步穿越沙漠，更何况对沙漠很陌生的人呢。

如果是喜欢在沙漠中旅行，可以邀请一些志同道合的人一起，并且在专业的向导指引下活动，这也不失为一种好的方法。

沙岭晴鸣——敦煌鸣沙山

　　"传道神沙异，暄寒也自鸣，势疑天鼓动，殷似地雷惊，风削棱还峻，人脐刃不平。"这首生动的咏景诗，是唐代诗人对敦煌鸣沙山奇观的描述。鸣沙山自古就以璀璨、传神的自然奇观吸引着人们。西汉时就有鸣沙山好似演奏钟鼓管弦音乐的记载："山有鸣沙之异，水有悬泉之神。"《旧唐书·地理志》载鸣沙山"天气晴朗时，沙鸣闻于城内"。《敦煌录》载鸣沙山"盛夏自鸣，人马践之，声振数十里，风俗端午，城中子女皆跻高峰，一齐蹙下，其沙吼声如雷"。

　　敦煌鸣沙山因沙动有声而得名，古称"沙角山""神沙山"。与宁夏中卫市的沙坡头、内蒙古达拉特旗的响沙湾和新疆巴里坤哈萨克自治县境内的巴里坤鸣沙山同为我国四大鸣沙山之一。它位于甘肃省敦煌市南 5 千米处，巴丹吉林沙漠和塔克拉玛干沙漠的过渡地带，东起莫高窟崖顶，西接党河水库，整个山体由红、黄、绿、黑、白细米粒状沙粒积聚而成。五色沙粒晶莹透亮，一尘不染，细软滑圆，随足颓落，经宿风吹，辄复如旧。沙峰起伏，远看连绵起伏，如虬龙蜿蜒。它像金子一样灿黄，绸缎一样柔软，少女一样娴静。在阳光下，一道道沙脊呈波纹状，黄涛翻滚，明暗相间，层次分明；人们顺坡滑落，沙子便会发出轰鸣声，犹如鼓鸣，又似雷声，鸣沙山因此而得名。难怪清代诗人苏履吉称："雷送余音声袅袅，风生细响语喁喁。"据史书记载，在晴朗的天气，即使风停沙静，也会发出丝竹管弦之音，因而此景也被人称为"沙岭晴鸣"。清代《敦煌县志》将"沙岭晴鸣"列为敦煌八景之一。

月牙泉与鸣沙山相依相伴

鸣沙山由流沙积聚而成，它虽然不高，但要登上山顶却不容易。绵绵细沙，进一步，退半步，只好手脚并用往上爬。登上山顶，那一道道沙峰如大海中的金色波浪，气势磅礴，汹涌澎湃。细看山坡上的沙浪，如轻波荡漾的涟漪，时而湍急，时而潺缓，时而萦回涡旋，真是跌宕有致，妙趣横生。还有那沙山下的一泓清泉，让人赏心悦目，心境自明。极目远眺，天地豁然开朗，心胸顿时开阔，童心不由萌发！下山最为有趣，顺坡而下，只觉两肋生风，一跳十步，驾空驭虚，有羽化成仙飘飘然的感觉。

鸣沙山已经形成3000多年，而鸣沙的记载也由来已久。最早见于东汉《辛氏三秦记》："河西有沙角山，峰愕危峻，逾于石山，其沙粒粗色黄，有如干踏。"这里的沙角山即为敦煌鸣沙山。

魏晋《西河旧事》中记载："沙州，天气晴明，即有沙鸣，闻于城内。人游沙山，结侣少，或未游即生怖惧，莫敢前。"

唐朝由于民族间的进一步融合，文字记载已经大量出现。《沙州图经》中说："流动无定，俄然深谷为陵，高岩为谷，峰危似削，孤烟如画，夕疑无地。"《元和郡县志》中记载："鸣沙山一名神山，在县南七里，其山积沙为之，峰峦危峭，逾于石山，四周皆为沙垄，背有如刀刃，人登之即鸣，随足颓落，经宿吹风，辄复如旧。"五代的《敦煌录》记载："鸣沙山去州十里。其山东西八十里，南北四十里，高处五百尺，悉纯沙聚起。此山神异，峰如削成。"

由此可以看出，鸣沙山历史悠久，文化底蕴深厚。而这些历史、文化，只有亲自体验，才会获得更多的体会。所以说，读万卷书，不如行万里路。走出城市，踏沙而行，自然会在体验的过程中感受到鸣沙山的奇特和魅力。

1. 鸣沙山脚下有一组古朴雅肃、错落有致的古建筑群，为其又增添了些许人文色彩

2. 鸣沙山的登山之路

由于古代科学不发达，人们不能对鸣沙山的鸣响做出解释，因此，人们只好用传说故事来解释。相传，这里原是一块水草丰美的绿洲，汉代一位将军率领大军西征，夜间遭敌军的偷袭，正当两军厮杀之际，大风突起，漫天黄沙将两军人马全部埋入沙中，于是这里就有了鸣沙山。而鸣沙山的沙鸣，也是来自他们的厮杀之声。

当然，这种解释并不能作准，不过，父母可以将其作为小故事讲给孩子听，也增加孩子对鸣沙山人文地理的了解。

到了科学发达的现代，人们对此鸣沙之谜进行了科学的探究和推测，因此有了三种主要的解释：

一为静电发声。鸣沙山沙粒在人力或风力的推动下向下流泻，含有石英晶体的沙粒互相摩擦产生静电。静电放电即发出声响，响声汇集，声大如雷。

二为摩擦发声。天气炎热时，沙粒特别干燥而且温度增高。稍有摩擦，即可发出爆裂声，众声汇合在一起便轰轰隆隆地鸣响。

三为共鸣放大。沙山群峰之间形成了壑谷，是天然的共鸣箱。流沙下泻时发出的摩擦声或放电声引起共振，经过天然共鸣箱的共鸣，放大了音量，形成巨大的回响声。

其实，不管答案如何，都不妨碍人们亲身体验"沙岭晴鸣"的神奇和美丽。鸣沙山、月牙泉，丝绸之路上的敦煌，一切都充满传奇的色彩，在传奇底下又蕴含着深厚的历史文化。来到这里，不仅能够观赏到黄沙与清泉相伴为邻的奇景，更能领略不一般的西北大漠文化。

1. 月牙泉

月牙泉位于甘肃省敦煌市境内，与莫高窟艺术景观融为一体，是敦煌城南一脉相连的"二绝"，成为国内外游人向往的旅游胜地。古往今来，以"山泉共处，沙水共生"的奇妙景观著称于世，被誉为"塞外风光之一绝"，1994年被定为国家重点风景名胜区。

月牙泉处于鸣沙山环抱之中，长360米，宽30~40米，因其形酷似一弯新月而得名。古称"沙井"，又名"药泉"，一度讹传"渥洼池"，清代正名"月牙泉"。千百年来，沙山环泉而不被掩埋，地处干旱沙漠而泉水不浊不涸，实属罕见。泉内星草含芒、铁鱼鼓浪，山色水光相映成趣，风光十分优美。

月牙泉其源头是党河，依靠河水的不断充盈，在四面黄沙的包围中，泉水清澈明丽，且千年不涸，令人称奇。可惜的是，从20世纪90年代以来，党河和月牙泉之间已经断流，只能用人工方法来保持泉水的现状。由于月牙泉边已建起了亭台楼榭，再加上起伏的沙山，清澈的泉水，灿烂的夕阳，景致还不错。

鸣沙山、月牙泉是大漠戈壁中一对孪生姐妹，"山以灵而故鸣，水以神而益秀。"游人至此，无论从山顶鸟瞰，还是来泉边漫步，都会驰怀神往，遐思万千，确有"鸣沙山怡性，月牙泉洗心"之感。关于月牙泉、鸣沙山的形成，当地有一个故事：

从前，这里既没有鸣沙山也没有月牙泉，而有一座雷音寺。有一年四月初八，寺里举行一年一度的浴佛节，善男信女都在寺里烧香敬佛、顶礼膜拜。当佛事活动进行到"洒圣水"时，住持方丈端出一碗雷音寺祖传圣水，放在寺庙门前。忽听一位外道术士大声挑战，要与住持方丈斗法比高低。只见术士挥剑作法，口中念念有词。霎时间，天昏地暗，狂风大作，黄沙铺天盖地而来，把雷音寺埋在沙底。

奇怪的是，寺庙门前那碗圣水却安然无恙，还放在原地。术士又使出浑身法术往碗内填沙，但任凭妖术多大，碗内始终不进一颗沙粒。直至碗周围形成一座沙山，圣水碗还是安然如故。术士无奈，只好悻悻离去。刚走了几步，忽听轰隆一声，那碗圣水半边倾斜，变化成一湾清泉，术士变成一块黑色的顽石。原来这碗圣水本是佛祖释迦牟尼赐予雷音寺住持的，世代相传，专为人们消病除灾，故称"圣水"。由于外道术士作孽残害生灵，佛祖便显灵惩罚，使碗倾泉涌，形成了月牙泉。

这当然只是一个传说故事，说到真正月牙泉的形成原因，其实主要取决于月牙泉本身的地质结构、低洼地的地形条件和高定位的区域性地下水位等三个方面的因素。历史上的月牙泉不仅"千古不涸"，而且水面、水深皆极大。有文献记载，清朝时这里还能跑大船。20世纪初有人来此垂钓，其游记称："池水极深，其底为沙，深陷不可测。"月牙泉在有限的史料记载和诗词歌赋中，一直是碧波荡漾、鱼翔浅底、水草丰茂，与鸣沙山相映成趣，在当地老百姓中有铁背鱼、七星草和五色沙三件宝的说法。直到1960年前，泉水没有大的变化。不过，现在的月牙泉却面临着日渐干涸的局面。

2. 鸣沙

沙漠或沙丘中，由于各种气候和地理因素的影响，生成以石英为主的细沙粒，因风吹震动，沙滑落或相互运动，众多沙粒在气流中旋转，表面空洞造成"空竹"效应，发生嗡嗡响声，这种地方称为鸣沙地。在中国西部地区，主要是沙漠，这些沙丘堆成山状，因此又称为鸣沙山。人们平时指的鸣沙山一般是位于甘肃敦煌的鸣沙山，另外新疆木垒鸣沙山和一八五团的鸣沙山等也很有名。

鸣沙又叫响沙、哨沙或音乐沙，它是一种奇特的却在世界上普遍存在的自然现象。美国、英国、丹麦、波兰、蒙古、智利、沙特阿拉伯等地的一些沙滩和沙漠，都会发出奇特的声响。据说，世界上已经发现了100多种类似的沙滩和沙漠。

鸣沙这种自然现象在世界上不仅分布广，而且沙子发出来声音也是多种多样的。比如说，在美国夏威夷群岛的一座岛上的沙子，会发出一阵阵好像狗叫一样的声音，所以人们称它是"犬吠沙"。苏格兰一座小岛上的沙子，却能发出一种尖锐响亮的声音，就好像食指在拉紧的丝弦上弹了一下。在中国的鸣沙山滚下来，那沙子就会像竺可桢描述的那样"发出轰隆的巨响，像打雷一样"。

1. 找到最佳观景时间

夏季黄昏，鸣沙山的日落景观非常漂亮，这是来到鸣沙山不可错过的景致。外出游玩，要想观赏到最美丽的景色，就要学会找到最佳的观景时间。如此，才能看到最悦心的美丽，也才能更加合理地利用时间。对于初次到这里的人来说，这一点很难办成。不过，不要紧，勤快一点，可以事先搜集各种资料，找到相对时间。然后，到了当地，嘴甜一些，多向当地人打听，就可以找到最佳的观景时间了。

在这个过程中，相信你的收获也会不少。

2. 爬沙山，听鸣沙

来到鸣沙山一定要亲自爬一回鸣沙山，这样才能切身体会到爬沙山和爬平时的山有什么区别。鸣沙山上风沙很大，在爬山之前，一定要做好防范措施。在这个过程中，我们可能会因为长期缺乏运动，身体素质差而半途而废，变得沮丧、气馁。这时，你要在心里告诉自己：没关系，不要有负担，这只是一次经历，只要放轻松就好了。没有了心理负担，爬一爬、歇一歇，也许你就会真的爬到了山顶。其实，掌握爬沙山的技巧也很重要，这一点不妨多向那些有经验的人请教。如此，你可以在旅行中多结交一些朋友。至于鸣沙山到底会不会响，不如亲耳去听一听，一辨真伪。

生机盎然·沙漠植物

荒无人烟的沙漠之中并非没有生命存在，这里同样有一些生物不畏惧沙漠的存在，它们就是沙漠植物。在沙漠里，植物要在严酷干旱的气候中求得生存并不是一件容易的事情，不过沙漠植物自有它们的办法。它们和酷热、干燥、风沙斗争，成为沙漠里一道最美的风景线。

　　在这里，人们可以欣赏到高大的胡杨、矮小的骆驼刺，可以品尝到沙枣和沙棘，还可以喝到一杯清新的罗布麻茶。这一切都是大自然的神奇馈赠，不亲眼所见，人很难感受到沙漠植物带给人的震撼。找一个合适的时间，走出家门，走出城市，一起到沙漠里寻找那些生机盎然的植物吧！相信，一定会让你大开眼界。

沙漠的脊梁——胡杨

在新疆，自古便多旱、多风沙，在这片浩瀚无垠的土地上，绿浪与黄沙交织，生命和死亡竞争。这里有风和日丽、红柳盛开、黄羊漫游、苍鹰低旋的静谧画面，也有狂风大作、飞沙走石、昏天黑地、蛇虫没迹的惊险场景……能在此生长的植物，有各自防风固沙之妙法，其中著名的便是胡杨了。而且，它是防风固沙的植物中最富诗意的，最值得人们了解的。

胡杨，是沙漠的英雄树，是沙漠的生命之魂。胡杨又称"胡桐""眼泪树""异叶杨"，是落叶中型天然乔木，直径可达 1.5 米，木质纤细柔软，树叶阔大清香。耐旱耐涝，生命顽强，是自然界稀有的树种之一。胡杨树龄可达 200 年，树干通直，高 10~15 米，稀灌木状。它的树叶奇特，因生长在极旱荒漠区，为适应干旱环境，生长在幼树嫩枝上的叶片狭长如柳，大树老枝条上的叶却圆润如杨。

胡杨能从根部萌生幼苗，能忍受荒漠中干旱的环境，对盐碱有极强的忍耐力。树皮淡灰褐色，下部条裂；萌枝细，圆形，光滑或微有茸毛。芽椭圆形，光滑，褐色，长约 7 毫米。长枝和幼苗、幼树上的叶线状披针形或狭披针形，全缘或不规则的疏波状齿牙缘；成年树小枝泥黄色，有短茸毛或无毛，枝内富含盐量，嘴咬有咸味。

它是新疆最古老的树种之一，在 1.3 亿多年前就开始在地球上生存。胡杨主要分布于内蒙古西部、甘肃、青海、新疆，以及蒙古、中亚、高加索、埃及、叙利亚、印度、伊朗、阿富汗、巴基斯坦等地。虽然在其他地区有分布，但是据统计，世界上的胡杨绝大部分生长在中国，而中国 90% 以上的胡

顽强不屈的胡杨树

1. 用生命演绎传奇的胡杨树，它为沙漠增添了希望

2. 沧桑、扭曲的胡杨　　　　　3. 胡杨神树

杨又生长在新疆塔里木。胡杨树被维吾尔人称之为"托克拉克"，意为"最美丽的树"。由于它能任凭沙暴肆虐，任凭干旱和盐碱的侵蚀，以及严寒和酷暑的打击而顽强地生存。

胡杨和一般的杨树不同，它有特殊的生存本领，能够忍受荒漠中干旱、多变的恶劣气候，对盐碱有极强的忍耐力。这是因为胡杨的根可以扎到20米以下的地层中吸取地下水，并深深根植于大地，体内还能贮存大量的水分，可防干旱。在地下水的含盐量很高的塔克拉玛干沙漠中，照样枝繁叶茂。人们赞美胡杨为"沙漠的脊梁"。

胡杨是干旱大陆性气候条件下的树种。喜光、抗热、抗大气干旱、抗盐碱、抗风沙。在湿热的气候条件和黏重土壤上生长不良。胡杨要求沙质土壤，沙漠河流流向哪里，胡杨就跟随到哪里。而沙漠河流的变迁又相当频繁，于是，胡杨在沙漠中处处留下了曾驻足的痕迹。胡杨靠着根系的保障，地下水位不低于4米，胡杨能生活得很自在；在地下水位跌到6~9米后，胡杨就显得萎靡不振了；地下水位再低下去，胡杨就会死亡。

由胡杨聚集而成的胡杨林是荒漠区特有的珍贵森林资源，它的首要作用在于防风固沙，创造适宜的绿洲气候和形成肥沃的土壤，千百年来，胡杨毅然守护在边关大漠，守望着风沙。也因此，胡杨被人们誉为"沙漠守护神"。胡杨对于稳定荒漠河流地带的生态平衡，防风固沙，调节绿洲气候和形成肥沃的森林土壤，具有十分重要的作用。它是荒漠地区农牧业发展的天然屏障。

生而千年不死，死而千年不倒，倒而千年不朽。在沙滩边缘，胡杨屹立千年不朽；见证历史，赞颂时间而行。胡杨，一段历史的传奇，一种被生物学家称为"活化石"的植物，一种不屈的、顽强的精神！论深沉，梅花差它几分；论潇洒，银杏略输一二；论智慧，恐怕只有太古时代的蕨类植物才能并肩。

它没有伟岸的身躯，没有婀娜的风韵，也没有甘甜的果实，却有着最执着的根蒂；它和戈壁、沙漠紧紧相依；它耐得住寂寞的风寒，守候着无人的荒漠，经受着黑夜的挑战；它托起了岁月的太阳，把戈壁沙漠般的心灵，变幻成一片丰厚的土地，为人们增添绿色的希望！胡杨用生命演绎着传奇，用行动见证着历史，用遭遇体现了充实。这不就是人生吗？还有什么能够比这些真实存在更让人感动的呢？不要再蜗居城市一角，走出家门，走出城市，你会发现天之大、地之广；你会发现原来植物也有着这样的坚韧不屈的精神和如此顽强的生命力。难道人类比植物还不如吗？

没有任何生命能和胡杨相比，没有一种植物那么持久地坚守在一片贫瘠和少水的沙滩。但有一种例外，那就是百折不挠的一个灵魂。坚韧而顽强，寂寞而孤独，固守着千年不变的信念。不会忘记，也不能忘记，那是怎样的一种树。千百年来，这自生自灭的天然胡杨，带给人们的不仅仅是生命的启示，而且是人类可以获得的宝贵财产。

这里风景独好

1. 赏胡杨之美

如果将全国各地的胡杨作比较，无论胡杨之美还是胡杨之刚毅都由新疆获冠。新疆的胡杨号称"生而一千年不死，死而一千年不倒，倒而一千年不腐"。在轮台的塔里木河附近沙漠地区，胡杨林的气势、规模均在全国之首，轮台的胡杨林公园也是国内独一无二的沙生植物胡杨树林的观赏公园。当秋色降临，步入胡杨林，四周被灿烂金黄所包围。洼地水塘中，蓝天白云下，胡杨的倒影如梦如幻。由轮台往南的沙漠腹地，为大面积原始胡杨林，不少古老的胡杨树直径达 1 米以上。

和田河的胡杨树皆为次生林，大部分树形呈塔状，枝叶茂盛，秋天时通体金黄剔透，此处的胡杨以成片的优美林相为显著特点，加上起伏的沙丘线条，随时进入眼帘的都是一幅美丽的风景画。在塔克拉玛干沙漠的南部，经常可看到盆景般的胡杨景色，那里的胡杨静静地伫立于沙丘，千姿百态，仿佛人类修饰过。

胡杨的美离不开其自身的沧桑，树干干枯龟裂和扭曲、貌似枯树的树身上，常常不规则地顽强伸展出璀璨金黄的生命，这是胡杨在大漠恶劣环境中死亡与求生协调的表现。

2. 胡杨林的神树

在额济纳旗达来呼布镇以北 25 千米的天然林中，生长着一棵被当地人称为"神树"的胡杨树。这颗"神树"身高 23 米，主干直径 2.07 米，需 6 人手拉手才能围住，堪称额济纳胡杨树之王。"神树"作为额济纳胡杨林最为典型的景观，已经成为胡杨林的标志和形象。凡到额济纳旗观赏胡杨奇景的中外游客都要到"神树"之下一睹其壮观、奇秀的尊容。这里也是摄影、科考的基地。

关于"神树"的来历还有一个传说。

相传几百年前，土尔扈特人来到额济纳绿洲，这里胡杨密集，纵横交错，骆驼和马匹这样大的牲畜无法入内采食，土尔扈特人便分片放火烧林。几年后，当他们游牧又来到这里时，发现许多胡杨树已成为一片灰烬，周边都是茂密的牧草。但唯有一棵胡杨树依然枝繁叶茂，毫无损伤的痕迹。土尔扈特人深信这是神灵在保佑，于是，他们怀着十分崇敬的心情，将这棵胡杨供奉为"神树"。

这棵已经有着近 900 年的神树，在周围 30 多米的范围内，从它发达的根系中，又蘖生出五棵茁壮的胡杨。"神树"的家族茁壮茂盛，巍然耸立在沙丘红柳间。远远望去，这棵威严高大的"神树"，犹如一个饱经风霜的老人，在向人们叙说着额济纳古老的历史，叙说着土尔扈特人几百年沧桑的往事。

按照当地蒙古民族习俗和原始宗教，神树被赋予神秘的色彩，是当地老百姓祭祀苍天神灵的附载物。每到冬末初春，远近牧人便虔诚地来到"神树"前诵经祈祷，祈求风调雨顺，草畜兴旺。

3. 胡杨的"眼泪"

胡杨能生长在高度盐渍化的土壤上，原因是胡杨的细胞透水性较一般植物强，从主根、侧根、躯干、树皮到叶片都能吸收很多的盐分，并能通过茎叶的泌腺排泄盐分，当体内盐分积累过多时，胡杨便能从树干的节疤和裂口处将多余的盐分自动排泄出去，形成白色或淡黄色的块状结晶，可入药，称"胡杨泪"或"梧桐泪（因叶似梧桐叶而得名）"，俗称"胡杨碱"。

"胡杨碱"是一种质量很高的生物碱。在新疆南部和内蒙古西部胡杨生长旺盛的地方，产量很大，采收便易，成为南疆农民的一项副业生产。当地居民用来发面蒸馒头，因为胡杨碱的主要成分是小苏打，其碱的纯度高达57%~71%。除供食用外，胡杨碱还可制肥皂，也可用作罗布麻脱胶、制革脱脂的原料。一棵成年大树每年能排出数十千克的盐碱，胡杨堪称"拔盐改土"的"土壤改良功臣"。

1. 体味胡杨精神

胡杨是一种让人看过之后很难忘记的树。不管是金秋时炫目的金色，还是死后的作为，都会给人留下深刻的印象。想那胡杨立定于沙海之中，深根于戈壁滩上，犹如一个曾被忽略的倔强灵魂，不管环境如何变换，默默地期待着一个又一个的明天。这样的情景是否在自己的身上出现过，自己当时是怎样想、怎样干的呢？

体味胡杨精神，会发现自己原来所经历过的"磨难"只能算作是一个小问题，只要想好办法努力解决就可以了。而在今后的人生中，更应向胡杨学习，学习它那不声不响、不卑不亢、不屈不挠、不止不休的精神，努力工作，认真生活。

2. 找一找

如果你是带着孩子一起旅行，那么，在旅行的过程中，为了更好地让孩子对胡杨进行认识，不妨让孩子玩"找一找"的游戏。比如，找一找胡杨泪、胡杨的树叶等。在游戏的过程中，孩子会为了游戏的目标产生许多的问题，作为父母，应耐心解答，也应鼓励孩子细心观察、耐心寻找。

沙漠桂花——沙枣树

有人曾赞美过翠柳，有人赞美过白杨，还有人赞美过劲松，但是少有人赞美过沙枣树。它生长在戈壁沙海，却没有因环境的贫瘠而失望，它努力生长、开花、结果，收获最甜蜜的果实。

沙枣树又名银柳或桂香柳。在中国主要分布在西北各省区，在华北北部、东北西部也有少量分布。大致在北纬34度以北地区。沙枣在世界分布于地中海沿岸、亚洲西部和印度。沙枣为灌木或乔木，高3~15米。树皮栗褐色至红褐色，有光泽，树干常弯曲，枝条稠密，具枝刺，嫩枝、叶、花果均被银白色鳞片及星状毛。因沙枣花与江南桂花香味相似，故有"沙漠桂花"的美誉。沙枣花开的时候，整个戈壁沙漠都沉浸在浓郁的花香里，真是"沙枣花开，十里飘香"。同时，素雅的沙枣花也为戈壁沙海带来了春天的气息，它散发出浓郁沁人心脾的芳香，引来群蜂低唱、百蝶起舞。

还未成熟的青色沙枣果实，待到成熟，沙枣果实会变成红色

　　关于沙枣花的独特香味还有这样一个传说：相传清朝乾隆皇帝有个西域的妃子，身上带有异香，深得乾隆的宠爱，故赐名香妃。香妃的家乡有一条枣花河，河的两岸生长着密植的沙枣树，每到沙枣花开时节，独特的芬芳随风散落在枣花河中，使整条河水洋溢着浓郁的花香。香妃每天用这条河沐浴，久而久之，沙枣花的奇香渗入肌肤，如此才有了醉倒皇帝的体香。这个美丽传说令沙枣树笼罩着神秘的色彩。

　　沙枣树的外貌不美。盘旋虬枝的沙枣树，没有松柏的翠绿，没有白杨的伟岸挺拔，没有牡丹花的鲜艳，没有玫瑰花的芳香，常常不被人注意。但是，它们能够生活在条件恶劣、干旱少雨的沙漠边缘，它的果实散播到哪里，就在哪里生存。它们一年四季与大自然抗争，冬天忍耐严寒，夏天

1. 待到金秋时节，沙枣果实一个个地都会变成红色，就像一簇簇的灯笼挂满枝头

2. 细长的沙枣叶　　　3. 成熟的沙枣，有的已经裂开了口

受着酷暑，一生始终生活在挑战中。因为沙枣树这种顽强的生命力，让人不禁从内心深处对它产生了敬畏之心。

　　终于到了金风送爽的九月，戈壁沙海中也迎来了收获的季节。这里大大小小的沙枣成熟了，像一串串、一簇簇的灯笼垂挂在树梢，一个挨着一个，一个挤着一个。微风吹过，熟透的沙枣压弯了枝，笑弯了腰。摘一颗，尝一尝，粉粉的、面面的，吃到嘴里有股淡淡的甜味，那味道真是美极了。其实，沙枣树浑身是宝。沙枣不但是人们喜爱的果品，同时是一种药物。沙枣与其他枣类一样，含有蛋白质、脂肪、钙、磷、铁等营养价值。有健脾胃、安神、镇静、止泻的功用。主治脾胃虚弱、消化不良。坚硬的树干是制造家具和建房盖屋的上好材料，树枝是很好的燃料，树叶是牲畜非常爱吃的青饲料。

沙枣树是人类最忠实的朋友。它辛劳苦斗一生，把自己无私地献给人类。生在沙漠，它是防沙的先锋；长在戈壁，它是保持水土的卫士。因此，大家要爱护它，赞美它！

1. 防风护沙主力军

由于人类的破坏，沙漠不断地侵占着人类居住地。因此，生活在沙漠附近的人们不得不想办法防风护沙。在农田与沙漠的交界处，沙枣树是防风固沙林带的主力军；在盐碱较大的荒滩瘠地，沙枣树是改良土壤碱酸度、防止水土流失的有力武器。沙枣树为美化绿洲、抗风固沙、遏制沙尘暴、保护农田做出了巨大贡献。

2. 沙枣的有效利用

沙枣作为饲料，在中国西北已有悠久的历史。其叶和果是羊的优质饲料，羊四季均喜食。羊食沙枣果实后不仅增膘肥壮，还能有利于繁殖。在西北冬季风暴天气，沙枣林则是羊群避灾保畜的场所。也可饲喂猪及其他牲畜，对猪的育肥增膘、产仔催奶均有良好促进作用。从沙枣营养成分看，其叶和果实均含有牲畜所需要的营养物质。

沙枣除饲用外，还是很好的造林、绿化、薪炭、防风、固沙树种。沙枣粉，还可酿酒、酿醋、制酱油、做果酱等，糟粕仍可饲用。沙枣花香，是很好的蜜源植物，含芳香油，可提取香精、香料。树液可提制沙枣胶，为阿拉伯胶的代用品。花、果、枝、叶又可入药治烧伤、支气管炎、消化不良、神经衰弱等。沙枣的多种经济用途受到广泛重视，已成为西北地区主要造林树种之一。

1. 亲身体验采摘沙枣的乐趣

金秋时节，是沙枣的收获季节。如果在这个季节到沙漠旅行，一定要亲自体验一下采摘沙枣的乐趣。在自然的环境中，与大地、树木亲密接触，享受采摘的乐趣，体味自然情趣，是一件非常惬意的事情。既能让人体会到收获时的喜悦和满足，又能让人感受劳动的不容易，一段温暖的、充满甜蜜的回忆由此开始。

2. 亲朋好友齐动手

沙枣，是一种非常有营养的食品。它不仅能当水果吃，还能做成果酱。在做果酱时，大家可以邀请亲人、朋友一起进行，就像快乐的聚会一样。尽管可能结果不尽如人意，但这就是一个美食类的"游戏"。只要在游戏的过程中，大家玩得快乐、开心就好。

敦煌八大怪之一——罗布麻

在很久以前，在新疆罗布泊地区经常见到百岁老人，如今的罗布泊地区更是被国际自然医学界认定为全世界第四个长寿区，而他们的健康奇迹完全得益于当地的特产——罗布麻茶。相传有"敦煌八大怪"之说，其中一怪则是罗布麻，而关于罗布麻，传说还有几个小典故。

传说之一：

相传，七星草、铁背鱼和五色沙放在一起吃了可以长生不老，如今能看到的只有五色沙，月牙泉南岸茂盛的七星草和铁背鱼都找不到了。月牙泉南岸的小花罗布红麻是泉边唯一而独特的保健中草药，也有延缓衰老的功能，每年6~7月小花盛开，恰似夜幕中的点点繁星，根据老辈人口头流传下来的说法，罗布麻也许就是七星草的原型。

传说之二：

据说，敦煌的南湖被称为"中国第二葡萄沟"，地处敦煌西南的罗布泊东缘盛产野麻。南湖人把野麻叫作"碗碗花"，好多人家门口都有专门移栽供观赏的罗布麻花，南湖人独处一域，喝罗布麻茶，吃葡萄，一般不容易得感冒，而且妇女的皮肤都比较好。

传说之三：

传说张骞出使西域三十六国，立下踏遍西域的豪言壮志，其实还有一项特殊的任务，就是不惜千辛万苦、跋山涉水、克服重重艰难险阻到西域探求长生不老之药。张骞以赤诚忠心不负大汉天子重托，探访到了楼兰古国，得到楼兰国王献给汉武帝刘彻的特殊贡品——罗布麻。

关于传说，人们无法考证。而现实中，罗布人向人们证实了罗布麻却有其保健作用。曾经生活在罗布泊地区的当地人被称为罗布人，罗布人逐水而

戈壁、荒漠、盐碱荒地都是罗布麻的生存之地

美丽的罗布麻花

居，穿罗布麻衣服、喝罗布麻茶、吃罗布麻粉、抽罗布麻烟。1987年，全国3700多名百岁以上的老人中，罗布泊周边有近900名。1989年，全国评出健康百岁老人19名，罗布泊地区又占6名，被国际自然医学界认定为全世界第四个长寿区。这一现象引起国内外专家多次考察探索，终于揭开了他们的长寿奥秘。除了远离城市污染外，更得益于天赐大漠神物——罗布麻茶，长年累月用罗布麻叶、花泡茶饮用，起到调节血压、延缓衰老、延年益寿的功效。

罗布麻，别称野麻、夹竹桃麻、漆麻等，多直立，高1~2米，一般高约2米，最高可达4米，枝条对生或互生，圆筒形，光滑无毛，紫红色或淡红色。生长于河岸、山沟、山坡的砂质地，在中国淮河、秦岭、昆仑山以北各省区都有分布，主要野生在盐碱荒地和沙漠边缘及河流两岸、冲积平原、河泊周围及戈壁荒滩上。

你在沙漠中旅行，也许会碰到绿洲或是零星的植被，不妨亲自来寻找罗布麻，为你的沙漠之旅增加些乐趣！

这里风景独好

1. 经济价值

罗布麻纺织品：罗布麻的茎与皮是一种良好的纤维原料，是一种比较理想的新的天然纺织原料，故罗布麻被誉为"野生纤维之王"。用罗布麻纤维精加工纺织而成的服装具有透气性好、吸湿性强、柔软、抑菌、冬暖夏凉等特点。

罗布麻布：由于罗布麻纤维比苎麻细，单纤维强力比棉花大五六倍，而延伸率只有3%，较其他麻纤维柔软，所含纤维素也比其他麻类高，因此是一种优良的纺织纤维材料。罗布麻纤维可以与棉、毛或丝混纺，织成各种混纺棉布、呢绒、绢纺绸类。与毛混纺品种，有华达呢、哔叽、凡立丁等；与棉混纺品种有哔叽、华达呢、麻纱等；与绢丝混纺品种有罗绢等。罗布麻布比一般织品耐磨、耐腐性好，吸湿性大，缩水小，是麻织品中很有发展前途的品种。

1. 寻找的乐趣

想要在野外寻找到罗布麻，就必须对罗布麻有一个基本认识，知道它的生长特点，并且根据这个生长特点来寻找它，这样过程会容易一些。所以，先要对罗布麻有一个初步的了解，之后就需要细心地观察、耐心地寻找了。

也许有人会觉得这是在浪费时间，确实，享受快乐的时光需要耗费额外的精力。但事实是，它只是一个选择而已。人们的生活越来越繁忙，但一定要记得把生活节奏放慢，享受一下现在的快乐生活。寻找的过程也是一种乐趣，每个人都应学会发现生活中的快乐。这样，你的生活才会丰富多彩，才不会单调之味。

2. 健康养生

很多年轻人对这个问题会嗤之以鼻，认为："我这么年轻，身体棒棒的，没事养什么生呢，有时间还不如找点乐子。"这个很正常，可能大多数人都会这么认为，最多也就认为年轻人应该多锻炼锻炼，总以为养生是老人的事情。

其实，年轻人养生也许更重要，因为老年人养生大多数就是为了处理年轻时留下的问题或为了长寿，而年轻人如果时刻保持身体处于健康状态，并且一直保持下去，那么一生会更加舒服、惬意。相反，如果你不注意养生，那么长期下来就会对身体造成严重的危害。

　　那么年轻人如何养生呢？很简单，早睡早起，尽量不要熬夜，少烟酒，就餐定时定量，多参加体育锻炼，保持乐观的心态等。别看都是一些简单的事情，如果能坚持下来就是不容易的事情。

维生素 C 之王——沙棘

　　地球上生存超过 2 亿年的植物；沙漠和高寒山区的恶劣环境中能够生存的植物；"地球癌症"唯一能生长的植物；西部大开发生态环保价值最高的植物；完全在无污染环境中生长的绿色植物；世界植物群体中公认的维生素 C 之王；一个被中国中医药典和世界药典广泛入药的植物；被国家卫生部确认为药食同源的植物。它就是在日本被称为"长寿果"、在俄罗斯被称为"第二人参"、在美国被称为"生命能源"、在印度被称为"神果"、在中国被称为"圣果""维生素 C 之王"的沙棘。

　　沙棘与喜马拉雅山同龄，以青藏高原为故乡。据专家研究认定，沙棘起源于旧大陆温带，距今 2 亿年前新生代的第三纪。那时，发生了喜马拉雅山的造山运动，青藏高原隆起。沙棘属植物经历了喜马拉雅山的造山运动、第四纪冰期、间冰期，以及黄土化过程的严峻考验。恶劣、多变的自然条件，使沙棘生物学、生态学习性，向着耐严寒、耐瘠贫的方向进化和发展，生态

挂满枝头的沙棘

适应性很强。正是这种悠久、神奇、艰辛的发展历史，造就了沙棘作为植物之珍品、神奇之果王的特性和美誉。

　　沙棘又名醋柳、酸刺，是植物和其果实的统称，是胡颓子科沙棘属的一种落叶小乔木或灌木，一般高1.5米，如果是生长在高山沟谷中可达10米，棘刺较多，粗壮，顶生或侧生；嫩枝褐绿色，密被银白色而带褐色鳞片或有时具白色星状柔毛，老枝灰黑色，粗糙；芽大，金黄色或锈色。国内分布于华北、西北、西南等地。常生于海拔800~3600米温带地区向阳的山脊、谷地、干涸河床地或山坡，多砾石或沙质土壤或黄土上。中国黄土高原极为普遍。同时，沙棘也极耐干旱，极耐贫瘠，极耐冷热，为植物之最。对土壤适应性强，所以被广泛用于水土保持。在中国的西北部现今就大量种植着沙棘，用于沙漠绿化。

　　作为一种药食同源植物，沙棘的根、茎、叶、花、果，特别是沙棘果实含有丰富的营养物质和生物活性物质，可以广泛应用于食品、医药、轻工、航天、农牧渔业等国民经济的许多领域。沙棘果实入药具有止咳化痰、健胃消食、活血散瘀之功效。现代医学研究表明，沙棘可降低胆固醇，缓解心绞痛发作，还有防治冠状动脉粥样硬化性心脏病的作用。

据史书记载，在一次远征途中，三国时期的蜀军，因长时间在崎岖的山路上艰苦跋涉，而人困马乏，体力不支。有些士兵就在荒山野岭中采摘"棘果"充饥解渴。吃了"棘果"后，士兵们的疲劳马上神奇地消除了，体力得到很快恢复。诸葛亮发现后，号召全军人人服用，终于渡过难关。他们服用的"棘果"正是现在的沙棘。

沙棘是目前世界上含有天然维生素种类最多的珍贵经济林树种，其维生素 C 的含量远远高于鲜枣和猕猴桃，从而被誉为天然维生素的宝库。也许沙

1. 沙棘也可以防风固沙，是一种用途很广泛的植物

2. 挂满沙棘果的沙棘树枝

棘没有牡丹的华贵、茉莉的清香，但是这种看似微不足道的沙棘，却有着不可斗量的作用和宝贵的精神。

既然来到了沙漠地带，怎么能错过一睹沙棘的风采呢？采沙棘，品沙棘，动动手、动动脑，让自己的身心在劳动中获得释放，让心灵更加轻松自在！

这里风景独好

1. 荒漠之宝

为什么说沙棘是荒漠之宝呢？这是因为沙棘除了能够治病、食用之外，对于深受沙漠侵害的人们来说更是防风固沙、保水保土、改良土壤的优良树种。沙棘之所以能够起到如此作用，是因为沙棘的根系非常的发达，并且有生固氮根瘤的特性。因此，它极具耐旱、耐瘠薄、耐盐碱的特性，经过实践的检验，凡经沙棘覆盖的土地，地表径流减少80%，表土流失减少75%，风蚀减少85%。所以说，沙棘是荒漠之宝。

2. 沙棘与成吉思汗

早在几百年前，成吉思汗便发现了沙棘的药用价值，将沙棘称为"圣果"。传说成吉思汗率兵远征赤峰，由于气候等环境条件十分恶劣，很多士兵都疾病缠身，食欲不振，没有战斗力。战马也因过度奔驰而疲软导致吃不下粮草体力欠缺，严重影响部队的战斗力，成吉思汗对此毫无办法。他下令将这批战马弃于沙棘林中，待他们凯旋，再次经过那片沙棘林的时候，发现被遗弃的战马不但没有死，反而都恢复了往日的神威。将士们惊讶小小的沙棘竟有如此的神奇功效，便立刻向成吉思汗禀报此事。成吉思汗得知后下令全军将士采摘大量的沙棘果随军携带，并用沙棘的果、叶喂马。不久，士兵们的疾病霍然痊愈，个个食欲大增，身体越来越强壮。而战马更是把粮草吃了个干干净净，能跑善弛。此后，道家宗师丘处机根据当地丰富的沙棘资源以及唐朝医书《月王药珍》中记载的，沙棘能增强体力、开胃舒肠、饮食爽口、促进消化的功能，为成吉思汗调制出了一种以沙棘为主的药方。成吉思汗便视沙棘为"长生天"赐给的灵丹妙药，将其命名为"开胃健脾长寿果"和"圣果"。

从此以后，成吉思汗便让御医用沙棘调制成强身健体的药丸。每次征战便随身携带，以抵御疾病，强身健体。成吉思汗年过六旬仍能弯弓射雕，与长期食用沙棘是分不开的。

沙棘果实含有丰富的营养，应用十分广泛。做成美食，格外受人青睐

从成吉思汗开始，沙棘在蒙古族的生活中便占据了重要的地位。蒙古族是一个游牧民族，需要有强健的体魄，才能在草原恶劣的气候环境中生存。沙棘因其特殊的抵御疾病、强身健体的功效，在蒙古族中代代相传，成为他们常用的食品和保健品。

1. 多吃一些含维生素 C 的食物

维生素 C 具有减压、增强免疫力、抗癌的作用。当承受强大心理压力时，身体会消耗比平时多 8 倍的维生素 C，所以，日常生活中要尽可能地多摄取富含维生素 C 的食物。除了从饭菜中获得维生素 C，还可以从水果中获得它们。

沙棘是维生素 C 之王，但是在生活中能够补充维 C 的水果并不仅仅只有沙棘，还有很多。比如日常生活中常见的鲜枣、红果、柚子、橘子、橙子、柠檬、草莓等水果，除此之外还有像柿子、杧果、猕猴桃、龙眼等。多吃这些水果，不仅可以补充维生素 C，还可以补充其他的维生素类群，让人们的身体更健康。

2. 珍惜身边的花草树木

沙棘想要在沙漠中生存，需要付出很多的努力，而这些努力都是人们看不到的。人们所能看到的，都是已经成功扎根于沙漠中的沙棘，它们是沙棘中的成功者，而那些不成功者则被沙漠淘汰。其实，不光是沙棘，沙漠中的其他植物也是如此。所以，在沙漠中，任何一点绿色植物都是非常珍贵的，人们对此都会非常的珍惜和保护。

但在城市里居住的人们，似乎对此并不在意。比如，人们经常可以看到，公园里、小区内的公共草坪上，人们践踏过的草坪斑驳不堪，有的甚至于被人们走出了一条路。有的人到公园里游玩，看到美丽的花朵就会随手摘下，把玩后又随意地丢弃。这样的事情很多，就发生在每个人的身边。这其实是对生命的不尊重，要知道任何一种植物都是有生命的，它们也有生的权力，而人们要尊重它们、保护它们。在这个过程中，你会发现尊重它们所带来的快乐。

沙漠勇士——骆驼刺

有一种矮矮的沙漠植物，它伴随着其他植物，长在红柳沙包之间，在盐化低地草甸和沙地上不经意地遍洒开去。它没有红柳的身姿，也没有红柳的灿烂，浑身长满了刺，使人近身不得，似乎不那么招人喜欢，这就是骆驼刺。据说是因沙漠中的骆驼以它为食而得名。

骆驼刺被誉为沙漠勇士，它以顽强的生命力征服了大自然，它是沙漠戈壁"三宝"之一，其余两宝是胡杨、红柳。骆驼刺是戈壁滩和沙漠中骆驼唯一能吃的赖以生存的草，故又名骆驼草，只是因它浑身长着长长的硬刺，人们更习惯叫它骆驼刺。它主要产于宁夏、新疆、甘肃，生长于海拔 150 米至1500 米的沙荒地、盐渍化低湿地和覆沙戈壁上。

骆驼刺是一种豆科多年生草本或半灌木，中国仅有疏叶骆驼刺 1 种。高25～40 厘米，茎直立，从基部开始分枝。叶卵形。叶腋具长硬刺。总状花序，蝶形花红色；荚果串珠状。同是荒漠枯树，骆驼刺也无一例外地有着发达的根系，它的根系一般长达 20 米，是用来吮吸沙漠和戈壁深处的地下水和养分的，只有如此才能保障自身的生存。

在戈壁滩上、沙漠之中，骆驼刺随处可见。不论生存环境如何恶劣，这种落叶灌木都能顽强地生存下来并扩大自己的势力范围。在一望无际的戈壁滩上，在白杨都不能生存的环境中，只有一簇又一簇的骆驼刺在阳光下焕发着生命的活力。骆驼草往往长成半球状，大的一簇簇直径有 1～2 米，一般的一丛直径也有半米左右，小的星星点点不计其数，一直延伸到视线以外。

矮小的骆驼刺也能开出美丽的粉色花朵。只要有一点点水，骆驼刺就能够开花、结果，就能够在沙漠中生存

1. 骆驼刺果实

2. 在沙漠、戈壁之中，骆驼刺随处可见。不论生存环境如何恶劣，它都能生存下来并繁衍生息

据当地人说，它们根系十分发达，是地表上茎叶半球的两倍甚至三倍，在春天多雨的季节里吸足了水分，可供这一丛骆驼草一年的生命之需，这为它在沙漠这样的环境中生存起到了重要作用。同时，骆驼刺浑身是宝，具有重要的经济用途。幼嫩枝叶不仅为骆驼的重要饲料，山羊、绵羊、马等也都喜食它，它是很好的青贮饲料。骆驼刺的根很深，也是重要的防风固沙植物。

寸寸驼刺如根根铜茎，弹起丝丝古筝，唱那西出阳关。炎热的夏天，地面的温度有时可以达80℃以上，但是戈壁滩上的绿色，尤其是自生自灭的骆驼刺并没有卷缩或有任何蔫塌塌的感觉。翠生生的小花也就是绿豆粒大小，在炎热里还常常地挂在骆驼刺细嫩的枝头。

8～10月份，骆驼刺的刺尖变为干硬锋利，风吹枝条摆动，枝上的针刺随时会扎破叶片，这时伤口处会分泌出糖液进行自疗，经过风吹日晒，糖液干缩变成一颗颗晶莹剔透的像珍珠一样的结晶。这就是有名的药——"刺糖"。"刺糖"有滋补、涩肠止痛之功能，可以治疗腹泻、腹痛和痢疾，可用于治疗神经性头痛。

也许，在炎热的夏季，因为严重缺水，骆驼刺会枯黄，不要以为它已死去，这只是它的"伪装"。它的根深深地扎在沙石下面，只要有一点点水，就会马上转为绿色。它同胡杨等沙漠植物一样，担负着阻击风沙前行的重任。它与所有的生命一样，在沙漠之中乐观、自信、顽强地生长着。

待到秋天时，骆驼刺的荚果会呈现粉红色或红褐色，成熟时由于果柄不易脱落，恰似一朵朵小红花，悬挂在干枯的枝条上，格外引人注目。果实在等待着机会，直到春天，在沙漠里的动物或大风的帮助下，果实中的种子才落到地上，在春天湿润的土壤中发芽萌动，一个新的生命也就此诞生。

这里风景独好

1. 骆驼与骆驼刺

骆驼刺长得一身的刺，就像植物中的"刺猬"。它的刺其实是一种自身保护，让观者畏惧。但是作为骆驼在沙漠中不可缺少的食物补充物，它的刺却难不倒骆驼。骆驼吃骆驼刺，自有它的办法。骆驼的办法就是从下部向上部将刺，这样倒伏的骆驼刺就伤不了骆驼的嘴。这样看来，骆驼真是骆驼刺的克星，称其为骆驼刺也是实至名归的。

2. 生存之战

在干旱的环境中生存，无疑是一场战争。为了适应干旱的环境，骆驼刺尽量使地面部分长得矮小，同时将庞大的根系深深扎入地下。如此庞大的根系能在很大的范围内寻找水源，吸收水分；而矮小的地面部分又有效地减少了水分蒸发，使骆驼刺能在干旱的沙漠中生存下来，从而赢得这场生存之战的胜利。

1. 不能改变环境，只能改变自己

严苛的沙漠环境，使得这里的动植物逐渐地进化适应沙漠环境的生态特点。这就是适者生存。如果这些沙漠中的动植物不能改变自己以适应这里的环境，那么我们也不能在沙漠中看到它们。其实，在生活中也是如此。

生活不是你想要什么就会有什么的，也不是凭借一己之力就能够改变整个大环境的，既然环境与生活不能改变，那就只能改变自己去适应这个环境。改变自己对生活的态度。生活就是这样，你给它微笑，它就会还你一个笑脸，你若对它不冷不热，它就会对你淡漠。你若对它消极，它就不会给你精彩，你若对它暴躁，它就会加倍偿还。所谓的态度就是自己心情的阴晴圆缺，但愿永远都有一轮明月当空，照亮你心。

2. 先观察，再行动

不管在任何环境，对于陌生的事物可以好奇，但是不要轻易接近。比如，骆驼刺。它浑身长满刺，如果不认识、不了解它，随意地接近触摸就很有可能被它的刺所伤。可是，在遇到陌生的事物时，能够先观察、再行动的话，就会避免很多不必要的伤害。

生活亦然。在现实生活中，有些人的性格比较急躁或莽撞，做事时经常会冲动性地进行一些决策，等到事后才发现这些决策都是不利于事情发展的。可是决策已下，想要挽回就要付出些代价或是无可挽回了。所以，我们应在心里告诫自己，不论发生什么事情都应冷静，然后不要贸然下决策，应先观察，调查清楚之后再行动或决策。这样，就能在一定程度上避免损失或伤害了。

长满刺的骆驼刺

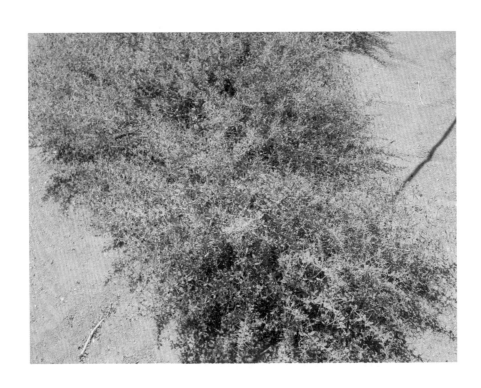

变幻莫测·沙漠精灵

沙漠里既缺少动物的饲料，又缺少雨水，再加上强烈的日晒、高温和巨大的蒸发，使很多常见的动物难于生存，可是一些独特的动物在这里生活得快乐、自在。这些沙漠中的精灵，会在清晨汲取植物上的露水解渴；会寻找风带来的枯草或其他沙漠动物为食；会选择自己的避风港，或藏在岩缝中，或将自己埋进沙子，或藏身于随风四处滚动的植物中。总之，是"八仙过海，各显神通"。

　　这些沙漠精灵，生存技巧可谓是变幻莫测，如果能从中学习到一二，也是受益无穷的。感受沙漠动物的魅力，感受不一样的生存之争。

沙漠之王——野骆驼

它们是戈壁上耐力最好的"长跑选手"，虽然酷热无情的沙漠让人望而生畏，但它们却将之视为家园，它们就是野骆驼。野骆驼，即野生双峰驼，是世界上仅存的真驼属野生种。它的同族兄弟是野生单峰驼，早已在数百年前灭绝。因此，野生双峰驼益显珍贵，成为世界上唯存的野生骆驼，属珍稀物种，在物种的遗传和科学研究上有重要价值。

由于人类活动的破坏干扰和自然环境的不断恶化，野骆驼数量急剧减少，分布和生活圈子越来越小，现已被列入中国一类保护动物和世界濒危物种红皮书。野生双峰驼现仅存在中国西北地区和蒙古国，主要在中国。

双峰驼属哺乳纲、大型偶蹄目动物，体形高大而稍瘦，一般体重为500~700千克。躯干较宽长，后部具有分泌黑色臭液的臭腺。吻部较短，上唇裂成两瓣，状如兔唇。鼻孔中有瓣膜，能随意开闭，既可以保证呼吸的通畅，又可以防止风沙灌进鼻孔之内，从鼻子里流出的水还能顺着鼻沟流到嘴里。耳壳小而圆，内有浓密的细毛阻挡风沙，在遇到恶劣天气时，还可以把耳壳紧紧折起来。眼睛外面有两排长而密的睫毛，并长有双重的眼睑，两侧眼睑均可以单独启闭，在"鸣沙射人石喷雨"的漫天风沙中仍然能够保持清晰的视力。如果看到它们流眼泪，千万不要以为它们是伤心了，之所以会这样，是为了要冲出进入眼睑中的沙粒或其他异物。

野骆驼颈部较短，弯曲似鹅颈。背部的毛有保护皮肤免受炎热阳光照射的作用。尾巴比较短，生有短的绒毛。背部生有两个较小的肉驼峰，下圆上尖，坚实硬挺，呈圆锥形，峰顶的毛短而稀疏，没有垂毛。过去曾认为驼峰是贮水的器官，但后来的研究表明，驼峰的结构主要是脂肪和结缔组织，隆起时蓄积量可以高达 50 千克，在饥饿和营养缺乏时逐渐转化为身体所需的

拥有超强耐力的野骆驼可以自由地在沙漠与戈壁间穿行

热能。因此，它们可以连续四五天不进食也是可以的。另外，野骆驼的胃里有许多瓶子形状的小泡泡，那是骆驼贮水的地方，这些"瓶子"里的水使骆驼即使几天不喝水，也不会有生命危险。它们的体温还可以随着天气变化而适当调整，在傍晚时升高到40℃，在黎明时则降低到3～4℃，从而适应荒漠地带一天中较大的温差。

它们的全身呈黄色、杏黄色、棕色等，体毛细密柔软，但均较长，毛色也比较深，没有其他色型，与其周围的生活环境十分接近。每年5~6月换毛时，旧毛并不立即褪掉，而是在绒被与皮肤之间形成通风降温的间隙，从而度过炎热的夏天，直到秋季新绒长成以后，旧毛才陆续脱掉。

野骆驼的四肢细长，与其他有蹄类动物不同，第三、四趾特别发达，趾端有蹄甲，中间一节趾骨较大，两趾之间有很大的开叉，是由2根中掌骨所连成的1根管骨在下端分叉成为"丫"字形，并与趾骨连在一起，外面有海绵状胼胝垫，增大接触地面部分的面积，因而能在松软的流沙中行走而不下陷。同时，可以防止足趾在夏季灼热、冬季冰冷的沙地上受伤。它的胸部、前膝肘端和后膝的皮肤增厚，形成7块耐磨、隔热、保暖的角质垫，以便在沙地上跪卧休息。

综上所述，野骆驼的身体素质仿佛就是为了适应沙漠而存在的，所以，它们是当之无愧的"沙漠之王"。

其实，野骆驼在历史上曾经存在于世界上的很多地方，但现如今在野外生存的仅有蒙古国西部和中国西北一带，这些地区都是大片的沙漠和戈壁等"不毛之地"，不仅干旱缺水，而且夏天酷热，冬季奇冷，寒流袭来时，气温下降的同时常常狂风大作、飞沙走石。恶劣的生活环境，却使野骆驼练就了一副非凡的适应能力，具有许多其他动物所没有的特殊生理机能，不仅能够

1. 长长的睫毛可以为骆驼遮挡风沙 | 2. 野骆驼的峰小而尖

3. 这是一只正在换毛的野骆驼，旧毛要等到新毛长出来后才能彻底地脱掉

耐饥、耐渴，也能耐热、耐寒、耐风沙，所以它们也得到了"沙漠之舟"的赞誉。

体积庞大的野骆驼更能让人感受到一种野性的存在。在野骆驼那高大的身躯上，显示出一种沙漠古道的沧桑。据了解，中国野骆驼的数量比国宝大熊猫还要稀少，甘肃濒危动物研究中心现存栏野骆驼 7 峰。这些野骆驼在沙漠中，主要以采食红柳、骆驼刺、芨芨草、白刺等很粗干的野草和灌木枝叶生存，喝又苦又涩的咸水，吃饱后找一个比较安静的地方卧息反刍。野骆驼机警而胆怯，其视觉、听觉、嗅觉相当灵敏，有惊人的耐力。

野骆驼一般结成群体生活，夏季多呈家庭散居，至秋季开始结成 5～6 只或 20 只左右的群体，有时甚至达到 100 只以上。在繁殖期，每个种群由一峰成年公驼和几峰母驼带一些未成年幼驼组成，有固定活动区域，除非季节转换时才进行几百千米的长途迁徙。另外，雄性幼驼一旦到了 2 岁左右，就会被逐出种群，去别的种群争夺"领导权"。野骆驼的繁衍是在自然的优胜劣汰中进行的，能够适应严酷的生存环境的个体存活下来，其他的便被自然无情淘汰了。一般，野骆驼的寿命在 30 岁左右。

　　在沙漠中逶迤行走时，通常，成年野骆驼会走在前面和后面，小野骆驼则排在中间，并常常沿着固定的几条路线觅食和饮水，称为"骆驼小道"。野骆驼善于奔跑，行动灵敏，反应迅速，性格机警，嗅觉非常灵敏。有人认为它就是靠嗅觉在沙漠中寻找到水源的，也可能是凭借特有的遗传记忆。野骆驼有季节性迁移及昼夜游移现象。

　　从前，狼和雪豹是野双峰驼的主要天敌，如今也是。但是现野骆驼更害怕人类，因为是人类把野骆驼逼进了戈壁沙漠。为什么这么说？事实证明，几世纪前，它们就住在富饶的中亚大草原上，即使到了今天，一些沙漠里的野骆驼还要冒着炎夏的酷热走到山中，去喝一喝清凉的冰雪融水，啃一啃新鲜的嫩草。这都是它们烙印在血液之中的记忆。

　　想要看到野骆驼并不是一件容易的事情，耐心地等待是必要的，有时候还需要一些运气。运气好的话，在野骆驼途经的时候可以一睹它们的沙漠王者之姿；如果运气不好，那么也不应颓丧，因为造成这种境况的主要原因，还是人类自己。在游玩中学会反思，这就是旅行的真意。

1. 野骆驼的"特异功能"

沙漠中，饮用水是生命线。野骆驼也不例外，它们吃梭草、骆驼刺、芦苇、红柳之类的"粗粮"，靠喝咸水生存。它们的肝能够经受得住这种矿化程度很高的、咸咸的、苦涩的盐碱水，在世界上还没有一种动物有此种"特异功能"。但野骆驼与家骆驼一样都爱喝淡水，只不过它生活的环境中没有淡水喝，如果不能适应喝盐水，它将无法生存。它这种特殊的生理机能，让它与淡水资源区隔开，这就避免了许多天敌的侵扰，有利于其种族的生存。

野骆驼能大量贮存水分，还有冷鼻构造与尿液浓缩对水分再利用的功能，使它在沙漠这样恶劣的环境下利用从植物中汲取的水分来满足其机体代谢所需。

2. 超强的耐力

野骆驼没有固定的栖息地，它们一般若干只结成小群，每群都由一头成年健壮雄性骆驼带领。野骆驼四肢修长，显得很清秀，个体比家骆驼要高出很多。也许有人会认为它们会很笨拙，事实证明并非如此。它们一般都很机警、胆怯，其视觉、听觉、嗅觉极其灵敏。其顺风能嗅到5~6千米以外的气味，在遇到危险时能奔跑3天。它们的奔跑速度很快，且有很好的耐久性。

为了找到水源与食物，野骆驼要经过长途跋涉。吃饱喝足后，它们会马上离开，生怕有意外发生。在这个过程中，如遇到危险，它们便会立即狂奔而去。由此可见野骆驼的超强耐力。

3. 野骆驼和家骆驼的区别

野骆驼与家骆驼外形较像，如果不注意就很难分得清。野骆驼的鼻孔稍大，胸部较宽，蹄子角化的程度高，奔跑起来像发了疯一样。野驼都是黄色的密长毛，尾巴也比家驼稍短一些。野骆的双峰小而尖，呈锥形，但家驼肉峰却较为肥大，呈 U 形。与家骆驼相比，野骆驼脖颈比较短小、僵直，在行走时，头颅高于驼峰。

4. 野骆驼的生存智慧

野生的骆驼是举世公认的珍稀兽类，野骆驼对幼仔的母爱，是异乎寻常的。但它绝不是溺爱，任其自生自长，而是严格管教，对幼仔的不良行为毫不宽容。这似乎是野骆驼的传统"家教"。每年的秋冬季节，野骆驼成小群地集聚在丘陵沟谷和低洼的盆地。这些地方气候暖和，风也不大，水源、食物比较容易解决。在一个集体中，成员彼此能够和睦相处，互相照应。年轻的野骆驼结成伙伴，互相嬉戏，十分快活。一岁的幼小骆驼，则由母驼看护。母驼态度严厉，从不放任孩子顽皮、淘气。幼驼之间经常发生纠纷，打架斗殴，这时母驼立即严加管教。它的教子方法首先是发出几声高亢的长鸣，这犹如鸣枪警告。假如不见效果，第二步则是强行将争吵的幼驼驱散。幼驼若是顽皮、撒泼，母驼会恼羞成怒，立即采取"武力"解决的方式。只见母驼愤怒地吼叫，用力将胃中腥臭的食物，连同黏液一起喷出口来，像狂风卷石一般，击打在幼驼头上。幼驼被击得双目难开，狼狈不堪，只好逃跑、求饶，再不敢违抗母命。

野骆驼这种稀有的战术，主要是对付敌人的。与敌人遭遇时，它先用"喷"术。如果此法不灵验，敌人纠缠不休，那么它就施用"诱敌深入"的计谋，拖垮敌手。假如野骆驼发现偷袭的恶狼，会先向戈壁深处跑去。野狼不知是计穷追不舍，骆驼在前疾跑，野狼在后猛追，一前一后，相距200多米。跑过20千米之后，野狼渐渐体力不支，气喘吁吁了，但仍舍不得猎物，一心想着品尝骆驼肉。当它追至40千米时，再也挪不动腿了，只好垂头丧气地返回原地。然而，大戈壁烈日当空，灼烫的沙漠使恶狼体力更加衰竭，干渴更使它无力举足，最后葬身沙漠。野骆驼用耐力战胜了野狼，同野狼在荒漠中赛跑，对野骆驼来说，如同饭后散步一般。

1. 适者生存

沙漠之中，野骆驼毋庸置疑是适者生存的胜利者。其实，在自然界中，世间万物都是依靠这条规律来生存的。人也一样。

对人而言，适者就是适应社会环境、生活环境，能够承受来自社会、工作和生活中的压力的人。生活、工作皆如战场，在这无休止的厮杀当中，你要想生存下来，你就必须学会适应你周围的环境，找到适合自己的生存法门。

当然，这里也不是一味地让人冷漠、无情，这样的人也是不可能走得长远的。每一个人都应心怀感恩，心中有快乐，能够在别人需要帮助时伸出双手，大家互帮互助，更能使人适应社会，努力前进。

2. 生活需要智慧

骆驼是一种懂得运用智慧的动物，它们诱敌深入的策略就运用得非常娴熟，尽管这可能是它们的一种本能。而人类也需要像野骆驼那样，在生活中运用自己的智慧，因为生活并不是一件简单的事，它需要智慧。

生活是需要一点智慧的，否则，你很可能就会感到迷茫和纠结。生活是需要一点智慧的，否则，乐观者在磨难中看到机会，悲观者在机会中看到磨难。相同的视角，不同的角度，便会体会到天壤之别的差异。

荒漠的主人——鹅喉羚

茫茫荒漠几乎是贫瘠、荒凉和死亡的代名词，但鹅喉羚却是这个荒漠的主人。它们是那么的胆小而柔弱，聚在一起，红柳、梭梭草、骆驼刺和雪，就是它们简单的需求。智慧而敏捷的鹅喉羚，四肢细长、体格优美地从镜头前走过，棕色的皮毛在阳光下闪烁着绸缎般的光泽。

鹅喉羚属典型的荒漠、半荒漠区域生存的动物，与黄羊的体形十分相似，差别主要有鼻骨的形状不同，没有眶下腺、鼠蹊腺等，稍微显著一点的就是它的尾巴比黄羊长，所以又被称为"长尾黄羊"。

它的体长为85~140厘米，尾长12~15厘米，肩高为50~66厘米，体重为25~30千克。毛色与黄羊也有些不同，背部毛色较浅，呈淡黄褐色，胸部、腹部和四肢内侧都呈白色，冬天的毛色更浅。尾巴毛为黑棕色，靠近基部的一半为赭黄色。雌兽头上仅有大约3厘米高的隆起，雄兽头上有角，长度为22~30厘米，向上伸直而略微向后弯，尖端略向内上方弯转。除角尖外都有显著的环状横棱，环的数目随年龄而增加，最多为 17 条左右。上唇至眼平线为白色，喉部为白色，臀斑比藏原羚小，蹄子狭长而尖。颈部细长，雄兽在发情季节，喉部和颈部特别膨大，好像甲状腺肿胀似的，状如鹅喉，因而得名"鹅喉羚"。

鹅喉羚在国外主要分布于亚洲中部、蒙古、伊朗、伊拉克、叙利亚、阿富汗、巴基斯坦等地，在中国分布于新疆、青海、内蒙古西部和甘肃等地。它是一种典型的荒漠和半荒漠地区的种类，栖息在海拔 300~6000 米的干燥荒凉的沙漠和半沙漠地区。平时常结成 4~6 头一起的小群生活，秋季汇集成

生活在动物园中的鹅喉羚

1. 一只正在放哨的大公羚

2. 保护区内的一只小鹅喉羚正好奇地观望着周围

百余只的大群作季节性迁移，有时还与野驴混群活动。雌兽产仔后与幼仔组成群体，雄兽单独活动，或者与其他雄兽结成小群。喜欢在开阔地区活动，尤其是早晨和黄昏觅食频繁，主要以艾蒿类和禾本科植物为食，但很少饮水，很耐渴。奔跑能力很强，善于在开阔地的戈壁滩上迅速奔跑或在沙柳丛中穿行。性情敏捷而胆怯，稍有动静，刹那间就能跑得踪影难寻。觅食的时候群体成员常将尾巴树立，并且横向摇动。雄兽则喜欢互相以角对顶，或以后肢支撑，作"人"立状，观察四周的动静。

20世纪50年代初，鹅喉羚曾广泛分布于贺兰山东麓、西部半荒漠地区及东部鄂尔多斯台地。但由于非法猎捕和人类活动的影响，鹅喉羚的分布范围也在不断缩小，数量逐年下降。所幸，人们已经意识到问题的严重性，开始积极地采取有力措施，努力恢复其种群数量。

在沙漠中旅行，总能遇见一些意想不到的惊喜，比如看见某一难得一见的动物，或找到难得一见的植物，这都会让人乐上许久。这就是踏沙而行带给人们的快乐。如果能够见到鹅喉羚，请不要惊动它们。它们并不像杂志上的图片一样是定格的，而是一个鲜活的生命，也会害怕。大家只要远远地观察它们就好了，你会发现它们是那样可爱、活泼、灵动，是那么让人喜欢。

这里风景独好

1. 白色尾镜

鹅喉羚是一种羚羊，其毛色有些特殊，它上身浅黄色，尾巴黑色，下身则是纯白色。在它的尾巴下面有一块白色大块斑纹。鹅喉羚奔跑的时候，大白斑有节奏地一上一下晃动，看起来十分醒目。动物学家称这块大白斑为"白色尾镜"。白色尾镜对于鹅喉羚来说，具有特殊的意义。白色尾镜对于同伴无疑是明显的标志，它奔跑时尾镜上下晃动是一个信号，可以让幼羚跟上，避免迷失方向，不至于在荒漠中迷途掉队。另外，纯白色的尾镜在日光下面晃动起来一闪一闪，十分耀眼，这对跟踪它们的猛兽是一个迷惑，使它眼花缭乱，不能集中目标，鹅喉羚就可以安然无恙。

2. 艰苦的生活

鹅喉羚是习惯于艰苦生活的，在干燥的荒漠中照样能生活下去，而且怡然自得。它们只吃些香蒿、假木贼、猫头菜，整天在炎炎烈日下四方游荡，一直到黑夜才随便卧地休息。鹅喉羚缺乏自卫能力，更无进攻性利器，只能靠奔跑来逃避敌害的追捕。它们习惯于集体采食。觅食的时候，有一头大公羚，昂首挺立四方瞭望，为同伴放哨，担任警卫员。如果发现敌情，就会用劲儿在原地高跳，并迅速扫视周围环境，寻找安全逃离的方向，然后向同伴报警，率众奔逃。

1. 学习需要对比

不管是读书所得还是所见所闻，都要学会对比，学会触类旁通，如此才是真正的学习。就像认识鹅喉羚，如果与认识的黄羊能够在一起进行比较、学习的话，相信一定能够加深印象。知识不是平面的，而是立体的、纵横交错的。学会在对比中学习，相信一定会对你未来的生活和工作大有益处。

2. 团结最有力量

在自然界，弱小的动物为了生存，会选择集群生活，这样更有利于生存。毕竟一个人的目标太大，力量太小，遇到危险毫无抵抗力。就像在生活中，有些困难一个人是不能解决的。可是，如果团结所有人的力量，那么困难就会迎刃而解。认识团结的力量，更有利于人们认识到团队的力量，也更能让人们在生活和工作中互相扶持、互相帮助。

戈壁滩上的长跑健将——蒙古野驴

新疆准噶尔盆地的卡拉麦里山自然保护区，看起来一片沉寂，若不走进它的深处，很难发觉这里竟是野生动物的天堂。作为中国最大的有蹄类野生动物保护区，这里是中国蒙古野驴的唯一分布区。它们在荒无人迹的卡拉麦里荒漠戈壁上，自由驰骋，将大地留给空旷，将天空留给风。

蒙古野驴也称亚洲野驴、野驴、骞驴，是国家一级保护动物，属世界濒危动物，是珍贵的有蹄类动物。1982 年时，数量 400 多只，存在于蒙古、哈萨克斯坦、乌兹别克斯坦、中国等地，属典型高原寒漠动物，栖于海拔3800~5000 米的高原亚寒带开阔草甸和寒冻半荒漠、荒漠地带。其外形似骡，体型介于家驴和家马之间，体长可达 260 厘米，肩高约 120 厘米，尾长 80厘米左右，体重约 250 千克。吻部稍细长，耳长而尖。尾细长，尖端毛较长，棕黄色。颈背具短鬃，颈的背侧、肩部、背部为浅黄棕色，背中央有一条棕褐色的背线延伸到尾的基部，颈下、胸部、体侧、腹部黄白色，与背侧毛色无明显的分界线。

蒙古野驴有集群活动的习性，雌驴、雄驴和幼驴终年一起过游荡生活。每群5~8头或20~30头。在夏季，水草条件好和人为干扰少的地方，蒙古野驴的群体会很大。这时，它们主要以禾本科、莎草科和百合科的植物为食，等到食物匮乏的冬季来临，它们主要吃积雪解渴。它们的叫声像家驴，但短促而嘶哑。

每年8~9月份，蒙古野驴进入繁殖交配期，此时，雄性蒙古野驴性情变得很凶，频频嘶叫，为了争夺交配权时常发生激烈的咬斗。取得胜利的

蒙古野驴妈妈带着一只小野驴

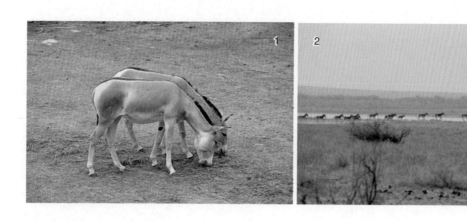

1. 抓紧一切可以进食的时间，这是为了能够更好地面对食物匮乏的冬季在储存能量

2. 蒙古野驴极善奔跑

雄性蒙古野驴继而控制整个驴群的活动，哪只驴不听话，它们就对其又踢又咬。不过，普遍的成年蒙古野驴对幼仔都照顾得很周到。曾经就有科学研究者看到一群野驴过河时，一只小驴爬不上河岸，被两只大野驴将它架在中间，用肩把小野驴推上岸。

蒙古野驴具有极强的耐力，既能耐冷耐热，又能耐饥耐渴，并且具有敏锐的视觉、听觉和嗅觉。在野外，蒙古野驴的主要天敌包括狼、雪豹、猞猁。不过，由于它们强烈的"好奇心"，常常会追随猎人，前后张望，有大胆者还会跑到帐篷附近窥探，这就给偷猎者以可乘之机，从而使蒙古野驴也惨遭大量捕杀。随着人类对蒙古野驴的迫害，使得蒙古野驴开始对人产生了强烈的戒备心和警惕心。

在蒙古野驴的团队之中，总会有一只哨驴存在，哨驴的警惕性极高，且忠于职守。当人接近于它500~600米处时，哨驴就会开始慢慢跑去。人走它跑，跑跑停停，始终与人保持500~600米的距离，最后引诱人朝着与驴群相

反的方向走去，以确保驴群的安全。而驴群中的头驴会带着其他成员排成
"一"字形逃跑，场面十分壮观。待它们跑出一段距离后，觉得安全了，又
停下站立观望，然后再跑。总是跑跑停停、看看后再跑。野驴善于奔跑，奔
跑速度可达每小时 45 千米，甚至连狼群都追不上它们。

1. 驴径

蒙古野驴有随季节短距离迁徙的习性。平时活动很有规律，清晨到
水源处饮水，白天在草场上采食、休息，傍晚回到山地深处过夜。每天
要游荡好几十千米的路程。在野驴经常活动的地方，未受到惊扰的蒙古
野驴移动时喜欢排成一路纵队，鱼贯而行。在草场、水源附近，经常沿
着固定路线行走，在草地上留下特有的"驴径"。驴径宽约 20 厘米，纵
横交错地伸向各处。

2. 驴井

蒙古野驴极耐干旱，可以数日不饮水。在干旱的环境中会找到合适的地
方用蹄刨坑挖出水来饮用，还可以供藏羚等有蹄类动物饮水。聪明的蒙古野
驴在干旱缺水的时候，会在河湾处选择地下水位高的地方"掘井"。它们用
蹄在沙滩上刨出深半米左右的大水坑，当地牧民称为"驴井"。

3. 观兽天堂

卡拉麦里山是哈萨克语，意为"黑黝黝的山"。这里的山体、丘陵上的岩石以黑色岩层为主，山的东部是戈壁，西部则属于中国第二大沙漠古尔班通古特沙漠。主要保护动物有蒙古野驴、普氏野马、盘羊、鹅喉羚等，是中国重要的有蹄类野生动物基因库和实验基地。

这里虽然是荒漠地带，但是依然有一定量的冬雪、春雨，所以保护区内虽没有稳定的地表河流，但是在一些地下水位较高的地段会有含盐的地下水溢出，形成盐泉；还有就是春季积雪融化以及夏季阵雨过后，可在低洼地形成临时性的水源，它们是野生动物主要的饮用水源地。在珍贵的雨水和泉水的滋润下，卡拉麦里山部分地区的植物生长条件较好，红柳深处的水也可以让动物们解渴和藏身，这里沙漠、戈壁与低丘的交错分布，为野生动物提供了良好的生存环境。

1. 向蒙古野驴学习

蒙古野驴所处的生存环境无疑是恶劣的，但是它们却依然生活得很好。这是因为它们对于大自然有超强的适应性，能够在艰苦的环境中顽强地生存下去，这就是旺盛的生命力。向蒙古野驴学习，学习它们身上的优秀品质，改过自身缺点。

2. 加强体育锻炼

在自然环境中，蒙古野驴之所以能够逃脱野狼的追捕，是因为它们拥有强健的体魄，并且又极善奔跑，所以野狼也对它无可奈何。如果蒙古野驴没有强健的体魄，又不善奔跑，那么它们就如同待宰的羔羊，只能坐以待毙。

生活中，有些人总是喜欢感冒生病，总之是大毛病没有、小毛病不断，这就是典型的亚健康状态。其主要原因还是因为不经常参加体育锻炼的结果。体质差，自然抵抗力也变差，所以才会让"病魔"乘虚而入。想要增强体质，增强抵抗力，就需要从锻炼开始。

巨型野羊——盘羊

有一种羊，它长着弯弯的、长长的角，喜欢在开阔、干燥的沙漠和大草原间活动，外形很像家养的绵羊。不过在沙漠中看到它们时，就像一只只巨大的野羊，这就是盘羊。

盘羊又名大头羊、大角羊、大头弯羊、亚洲巨野羊等，是体形最大的野生羊类，中国古代称其为蟠羊，"盘"与"蟠"两个字读音相同，意思也相近，即弯曲盘旋之意，都是指盘羊雄兽头上的那一对粗壮的弯角，这正是它最为突出的形态特征，与阿拉斯加大驼鹿的角和北美洲落基山区的大马鹿的角同称为世界传统狩猎动物珍品中的三绝。在世界上，主要分布于亚洲中部广阔地区，包括中国、俄罗斯和蒙古。中国则主要分布在新疆、青海、甘肃、西藏、四川、内蒙古地区。

盘羊主要栖息于沙漠和山地交界的冲积平原和山地低谷中。海拔范围为2000~5000米，因地区而异。其嗅觉非常灵敏，极不容易接近。夏季常活动

弯弯的大角就是盘羊最显著的特征

于雪线的下缘，冬季栖息环境积雪深厚时，它们则从高处迁至低山谷地生活，有季节性的垂直迁徙习性。

盘羊的身体一般比较粗壮，肩高等于或低于臀高，其雄性肩高可达120厘米，体重可达200千克。头大颈粗，尾短小。四肢粗短，蹄的前面特别陡直，适于攀爬于岩石间。有眶下腺及蹄腺。盘羊是比较耐寒的一种动物，它们通体被毛粗而短，唯颈部披毛较长。体色一般为褐灰色或污灰色，脸面、肩胛、前背呈浅灰棕色，耳内白色或浅黄色，胸、腹部，四肢内侧和下部及臀部均呈污白色。前肢前面毛色深暗于其他各处，尾背色调与体背相同，雌羊的毛色比雄羊的深暗。

雌雄均有角但形状和大小均明显不同。雄性角特别大，可长达1米以上，呈螺旋状扭曲一圈多，角外侧有明显而狭窄的环棱。雄羊角自头顶长出后，两角略微向外侧后上方延伸，随即再向后下方及前方弯转，角尖最后又微微往外上方卷曲，故形成明显螺旋状角形。角基一般特别粗大而稍呈浑圆状，至角尖段则又呈刀片状，角长可达 1.45 米上下，巨大的角和头及身体显得不相称。雌羊角形简单，角体也明显较雄羊短细，角长不超过 0.5 米，角形呈镰刀状。但比起其他一些羊类，雌盘羊角还是明显粗大。

盘羊的视觉、听觉和嗅觉敏锐，性情机警，稍有动静，便迅速逃遁。它们是群居型的动物，一般 3~5 或数十只为一群，似乎不集成大群活动。主要在晨昏活动，冬季也常常在白天觅食。冬季，雌雄合群在一起活动，这样幼羊可以在春季出生，幼羊可以有丰富的食物，有更大的生存机会。一般主要以草和树叶为生，以禾本科、葱属及杂草为食。

在自然界中，盘羊的主要天敌是狼和雪豹。但是，在地球上，盘羊最大的天敌还是人类。人们为了自身的利益，曾经一度疯狂地猎杀盘羊，它的角、皮毛、肉都是人类贩卖的对象，以至于盘羊的数量急剧锐减。虽然，现

1. 盘羊主要生活在沙漠和山地的交界处，它们尤其擅长攀爬岩石

2. 被人类制作成标本的盘羊角

如今已经实施了保护措施和相关法规，可是要想看到一个美丽的盘羊世界，还需要每个人的努力。

这里风景独好

1. 时刻准备着

盘羊是一种非常小心的动物，视觉、听觉、嗅觉极其敏锐，只要稍微有些风吹草动，便会在瞬间消失。为了能够在第一时间发现敌情，它们在采食或休息时会常有一头成年羊在高处守望，这样做是为了能及时发现周围的异常，时刻准备着逃遁。当危险来临，放哨的盘羊就会向群体发出信号。群体会立刻停止活动，迅速逃之夭夭。它们能在悬崖峭壁上奔跑跳跃，来去自如，而且极耐渴，能几天不喝水，冬天无水可以吃雪。也正是因为有这些优点，使得它们能够躲过生命中的一些灾难。

2. "武器"盘羊角

虽然，在人类的枪口面前，盘羊的巨角毫无用武之地。但是，它们的巨角能够使它们在面对天敌狼和雪豹时，对其形成有力威慑，为自己争取更大的生存机会。同时，角是争夺地盘、配偶的有力"武器"。尤其是在交配期，雄性盘羊间的争斗更加激烈，它们都想得到异性的青睐，只有通过斗争才能解决纷争。于是，只听"梆、梆"的巨响在空中回荡。有时，人们在山坡上就可以听到山的另一侧雄盘羊争偶时巨角撞击的声音，所以雄盘羊角上一般都能看到许多撞击的痕迹。

1. 解决问题不能走向极端

动物之间解决问题，是通过争斗，过程比较野蛮而残忍。这样解决问题的方式是不适合人与人之间的。虽然人们要向大自然学习，但是要学会去其糟粕、取其精华。

事实上，这些年来有关各种各样原因引发的"胁迫人质""砍人""杀人"等事件经常见诸报端。这其中的原因虽然不尽相同，但不少人都会选择采取一些比较极端的方式来达到解决问题的目的和要求。殊不知，这是最错误的解决问题的方法。

生活中，谁都会遇到不顺心、不如意的事情。但无论你再不顺心、再不如意，也绝对不能置法律法规和公共秩序于不顾，更不能将自己的生命和自由视为儿戏，采取走极端的方式来解决问题。解决问题的方式方法有很多，武力解决是最错误的解决方法，也是走向极端的解决问题方式。能够学会用脑、用智慧解决问题，才是解决问题的最高境界。

2. 外出不要放松警惕性

盘羊的警惕性很高，也因此它们能够躲过天敌的追击。

在生活中，孩子外出上学、放学，或者是外出和小朋友玩耍，其警惕性都会很低，这是非常危险的。因为，上学、放学的路上车来车往，如果不对车辆有警惕性，不遵守交通规则，极容易出现意外事故。如果外出玩耍，对一些人和事没有警惕性，那么很有可能会受到伤害或者出现走失、被拐卖的现象。因此，作为父母一定要加强对孩子这方面的锻炼。

其实，不光孩子，就是成人在外出时也应保持警惕性。要知道，意想不到的事情总是突然而至，如果能保持警惕就会在第一时间发现问题，从而获得宝贵的时间来解决问题。

灭鼠能手——沙狐

大漠苍苍，戈壁茫茫。在一些人迹罕至的地方，仍是可以看到一些小动物游走的踪迹，比如沙狐、獾猪、蜥蜴等。其中，沙狐长着一身黄褐色的毛，尖尖的鼻子上有一对猫一样的黄眼睛，看上去就像是一对小精灵。所以，也格外地引人注目。

沙狐也叫东沙狐，是典型的狐属动物，为中国狐属中最小者。西起下伏尔加河流域，向东覆盖中亚大部分地区，主要分布国家包括阿富汗、中国、印度、伊朗、哈萨克斯坦、吉尔吉斯斯坦、蒙古、俄罗斯、土库曼斯坦、乌兹别克斯坦。在中国，主要分布地区在新疆、青海、甘肃、宁夏、内蒙古、西藏等地。

沙狐身体比赤狐小，体长 50~60 厘米，体重约 2~3 千克，尾长 25~35 厘米，四肢相对较短，耳朵比火狐略小，大而尖，耳基宽阔，毛细血管发达。背部呈浅棕灰色或浅红褐色，腹部呈淡白色或淡黄色。毛色呈浅沙褐色到暗棕色，头上颊部较暗，耳壳背面和四肢外侧灰棕色，腹下和四肢内侧为白色，尾基部半段毛色与背部相似，末端半段呈灰黑色。夏季，毛色近于淡红色。沙狐主要生活在沙漠戈壁的草滩、丘坡上，昼伏夜出，行动诡秘敏捷。也常与其他穴居动物毗邻而居，并接管空置地穴。

它们喜欢在夜间活动，并且非常活跃，白天偶尔也会出来活动。善攀爬、速度中等，不及其他慢速犬类。听觉、视觉、嗅觉皆灵敏。四处流浪，无固定居住区域，在觅食困难的冬雪季节，它们会向南迁徙。相比其他狐属，沙狐更具群居性，甚至多只个体共住同一洞穴。在冬季，沙狐结成小型觅食群体，群中有配偶和成年子女。它们住在类似"沙狐城"的相邻洞穴，这些洞穴经常接管自其他动物，如旱獭等，沙狐挖洞通常简而不深。

沙狐的大耳朵可以帮助它们捕捉到猎物的信息

沙狐食物生态位宽度随季节不同有所变化，春、夏两季节间的食物组成无显著差异。肉食性，齿细小，以啮齿类动物为主要食物，鸟类和昆虫次之，达乌尔黄鼠、黑线仓鼠和布氏田鼠在沙狐食物组成中超过50%；其他啮齿类动物，如草原旱獭、褐家鼠和跳鼠科等所占比例小于25%；鸟类主要为百灵科，昆虫以蝗科为主，还包括红蝽科、步

1. 眼观六路，耳听八方。只有如此专注才能避免猎物从眼前消失，否则等待它们的将是饥饿

2. 动物园中的沙狐，虽然安逸但仍向往自由

甲科、虎甲科、水龟甲科等。由此可见，沙狐在调节鼠类数量和控制鼠害方面起着重要的作用。它们的主要天敌包括狞猫和非洲种的雕鸮；另外，胡狼、鬣狗和沙克犬等动物也可能捕食沙狐。

　　沙狐生性狡猾，人们喜欢把幼狐带回去喂养。可是，它贼性不改，喂大后，表面上看虽然很温驯，但是每到夜晚就外出偷食，骚扰四邻。让人们对它是又爱又恨，最后不得不将它们放回原属于它们的天地。不过，经过人们的驯养，它们的回归之路也许充满了许多的未知。

　　如果有幸在旅行过程中看到这些可爱的沙狐，可以仔细观察一下它们，是不是真的狡猾与机智？

1. 生活在不同区域的家族伙伴

沙狐有许多不同的家族伙伴，现在就来认识沙狐家族中两种比较有特点的伙伴。

一种是生活在北极的极地狐。极地狐颌面狭，吻尖，耳圆，尾毛蓬松，尖端白色，犬科类，食肉目哺乳动物，最主要的食物供应来自旅鼠。极地狐不仅耳朵较短小，尾巴和四肢也比较短小。这种尽量减小体表面积的形态特征，有利于防止热量过分散失，是和寒冷的环境相适应的。北极狐身披既长又软且厚厚的绒毛，即使气温降到 −45℃，它们仍然可以生活得很舒服。因此，它们能在北极严酷的环境中世代生存下去。

另一种是生活在非洲沙漠的大耳狐。栖息于干旱草原和热带稀树草原，偏好短草区域。居住在自建或其他动物留下的洞穴中。洞穴一般存在多个入口和兽窝，以及长达数米的隧道。大耳狐之名源自它们一对外形就像蝙蝠翅膀一样的耳朵，最长可达 14 厘米。一双大耳朵在沟通交流、寻找食物等诸多方面发挥着重要作用。在炎热的气候下也能够及时散失体内大量的热量，以此适应炎热的生活环境。

体毛多为棕褐色，喉咙和腹部为灰白色，耳外沿像戴着棕熊样的"面罩"，小腿、爪、尾尖呈黑色，除一对大耳朵之外，其独特的齿列也有别于其他狐类。大耳狐有 46~50 枚牙齿，多于其他异齿型有胎盘的哺乳动物。其他犬类不超过两颗上臼齿和三颗下臼齿，大耳狐至少有三颗上臼齿和四颗下臼齿，下颌有一大块阶梯状的二腹肌突出，便于快速咀嚼昆虫。

2. 灭鼠的能手

沙狐喜欢吃啮齿类的动物，并且对付这些不易捕捉的啮齿动物也很有一套。当它们进入狩猎状态时，会先观察，不会贸然地行动。等到观察好地形后，会静静地等待猎物的出现。有时会一等就是好几个小时，但是它们很有耐心。终于等到猎物出动，沙狐会先跃向空中，然后再扑向猎物。如此，猎物很少有机会逃脱。那沙狐是如何判定猎物的跑动方向呢？原来，沙狐是借助了自己那一双宽大的耳朵，它们能准确定位猎物的跑动方向，所以在跃向空中时，就已是胸有成竹了。怪不得是一抓一个准呢！

阳光驿站

1. 找到做事的最佳方法

沙狐之所以能够成为灭鼠的能手，是因为它们掌握了捕捉老鼠的最佳方法。等待、定位、捕捉，每一个步骤都不会贸然改变。在生活中，同一件事情肯定有千万种方法解决，可是总有一个是最适合、最佳的答案。如果能够在规律中找到最佳方法，那么做起事情来就会顺利、迅速很多。生活和工作也是一样的，找到最佳的方法，会让生活和工作事半功倍。

2. 流浪生活不要轻易尝试

也许是现实生活充满了太多竞争和压力，使得有些向往自由的人极力挣脱这种束缚，想要去过一种海阔天空、自由自在、潇洒任我行的生活。因此，他们选择了流浪式的生活。这种趋势近些年已愈演愈烈，这些人挣脱了城市的束缚和包围，走向了更为广阔的天地。可是这真的适合所有人吗？是的，这种生活，是很多人向往的。但是，需要很大的勇气和足够的毅力！

虽然流浪是人生中很宝贵的经历，但是谁都不可能做到一生都流浪，也不是每个人都适合，也不要轻易尝试。因为，流浪并不是一件简单的事，它需要你有一定解决问题的能力和丰富的生存经验，否则就不可能应对在流浪过程中所发生的各种问题。流浪有时比在城市中生活更难。

其实，不用去流浪，只要抽出一个假期，走出家门，走出城市，到外面的世界走一走、看一看，也能得到很好的放松。释放压力的方式有很多，关键还要看你如何选择。

生命绝地的精灵——白尾地鸦

在有"死亡之海"之称的塔克拉玛干沙漠中，有一种神秘而古老的荒漠鸟类却顽强地生活在大沙漠边缘。除了这里，极少能够见到它。因为，它只要离开塔克拉玛干沙漠，就会莫名其妙地死亡。因此，塔克拉玛干沙漠成为它唯一的栖息地。于是，人们也把它称为塔里木神鸟。它的命运与塔克拉玛干沙漠紧紧相连。它是神话之鸟，是生命绝地的精灵。它没有绚丽的外表，甚至不如披着一身黑得发蓝的羽毛的乌鸦来得华丽，个体也不如乌鸦壮硕，但却是全球分布最狭窄、最濒危的鸟类。它就是白尾地鸦。

白尾地鸦能在沙漠上健步如飞，被当地人形容为"拐来拐去、大步流星、奔跑如飞"，是名副其实"在地上跑的鸟"。俗称"沙喜鹊""沙漠鸟"，是杂食性鸟类，也是新疆的特有鸟类。全世界只有 4 种地鸦，分布区域仅限于从伊朗至蒙古一带，是国际知名的濒危物种。

它们的个体非常小，属小型鸦类，其体羽呈沙褐色，嘴锋较长，并

神话之鸟白尾地鸦

稍向下弯曲；具紫黑色短宽冠羽，颊及喉偏黑，眼先、眼圈、头侧及颈部皮黄，翼覆羽黑色而具紫色辉光，飞羽大多白色，羽轴及羽尖近黑。翅短而圆，很少长距离飞行；遇见人时，能发出"嘀、嘀、嘀"的鸣叫。它只出现在松软的沙质地面上，腿长而强健有力，善于在沙地上奔跑。这些特征都是白尾地鸦在百年的进化历史中发展出来的一系列适应沙漠环境的特征。

比如，为了避免被天敌发现，它们的羽毛十分接近周围环境的颜色，不注意就会与之擦肩而过。白尾地鸦一个显著的特征就是嘴锋长而稍向下弯曲，具有挖掘和埋食的功能。凭借这张锋利的嘴，白尾地鸦能够在沙漠中比较容易地找到食物，也可以像乌鸦一样挖掘、运输和埋藏食物。不过，让人佩服的是，它们总能准确地找到自己所埋藏的食物。真不知道它们是如何在广袤无垠的沙漠上定位，并且找到自己埋藏的食物的！

另外，它们还有一种其他鸟类没有的生理特点，在它们的鼻孔外附有稠密而短簇的羽毛，这些羽毛是做什么用的呢？沙尘暴是荒漠地区常见的自然现象，一旦刮起沙尘暴，天空一片灰暗，弥漫在空气中的粉尘和细沙，对生活在那里的鸟类和动物的身体都会带来不利影响，而白尾地鸦鼻孔外的羽毛可以抵挡有害物质吸入体内，这是白尾地鸦为了适应荒漠干旱及多沙尘暴的环境进化而来的。

这些聪明的白尾地鸦主要栖居在荒漠灌丛及多灌木的荒野中，在沙漠绿洲边缘地带和沙漠腹地，在沙丘间，在有稀疏植被、胡杨林的地段，甚至在沙漠公路两旁或临时停车场的垃圾堆里，都能见到它们的身影。由于飞行能力弱，加上白尾地鸦属于留鸟，无大规模迁移的习惯。

白尾地鸦最具有荒漠特征的习性，是它完全不同于其他鸟类的繁殖期。经过相关专家的多年研究发现，白尾地鸦的繁殖期最早在 3 月份就

1. 健步如飞的白尾地鸦

2. 白尾地鸦常常将自己的"家"建在茂密的红柳灌木群中，既舒适又隐蔽

开始了，这让很多人百思不得其解，因为绝大多数鸟类的繁殖期都会选择在 5 月之后，那么白尾地鸦为什么会在寒冬尚未褪去前就急忙进入繁殖期呢？

每年 3~4 月，塔克拉玛干沙漠区域的气温开始回升，但还不算炎热。进入 5 月，气温开始快速升高，地表气温可达到 70℃，蒸发强烈，高温难耐。如果白尾地鸦不在高温到来之前育雏，那么初生的雏鸟很可能因为沙漠区域高温天气和干旱缺水而夭折，因此它们只有提前进入繁殖期。严酷的生存环境，极为有限的食物，迫使白尾地鸦一年最多繁殖一窝，每窝只有三四个蛋，孵化期大约为 30 天，当高温天气来临时，白尾地鸦的幼鸟已经可以跟随雌鸟去觅食和乘凉了。

在繁殖期，通常白尾地鸦会将巢营建在沙漠的红柳包或者红柳灌木群中，巢离地面高度为 80~140 厘米。巢呈杯碗状，由细枝搭建而成。内垫羊毛、驼毛、胡杨树皮、干草、枯叶、兽毛、多毛的种子（棉花籽）等。幼鸟由雌雄成鸟共同喂养，每小时喂 3~4 次，食物主要包括昆虫和蜥蜴。成鸟一天至少要回巢 40 回。因此，发现了成鸟的白尾地鸦，就不难发现鸦巢。

曾经，白尾地鸦在 19 世纪的数量非常可观，在西方探险家的考察报告中，白尾地鸦被描述为"常常可以看到"的鸟类。然而，自 20 世纪 80 年代开始，一些西方学者来中国考察白尾地鸦时，便发现其数量已经开始减少，"常常见不到"。

作为生活在沙漠中唯一的鸟类，白尾地鸦对于风沙、干旱具有独特的适应性。在沙漠中，白尾地鸦如何不喝水而能够维持身体所需的水分？作为体形较小的鸟类，白尾地鸦如何抵抗风沙的袭击？鸟类大多喜潮湿阴凉，塔克拉玛干的地面温度平均为 70℃，白尾地鸦为何能够抗高温？这些还是未解之谜，正等待着人们去发现、去研究。

这里风景独好

1. 高智商鸟类

经过鸟类专家的野外研究，发现白尾地鸦拥有发达的大脑和极高的智商。因为，白尾地鸦懂得储藏食物。曾有野外研究者在发现白尾地鸦后，将食物的碎片丢弃在路边，然后发现机灵的白尾地鸦很快发现并开始搬运食物，它们似乎不急于填饱肚子，而是先运输和埋藏，在最短的时间里清理完现场，不给其他动物或风沙留下太多的机会。观察试验发现白尾地鸦贮藏（埋）食物的行为与其他鸦类十分接近。

它们会在食物丰盛期将多余的食物储藏在沙地中，待到冬日来临而食物不足的时候，就动用储备食物来充饥。不过让人感到震惊的是，白尾地鸦不管将食物埋藏在哪里，它们总是能从极少有标志性的地理坐标和颜色单一的大漠中将食物找到。这种奇怪的现象至今仍是谜，这在鸟类中亦属罕见的特性。

2. 与众不同的鸟类

白尾地鸦大概是地球上最不为人所知的物种之一，它的栖息地塔克拉玛干大沙漠本身就是一个难解的谜。

塔克拉玛干沙漠位于塔里木盆地的中心。塔里木盆地是一个极为封闭的环境：周围有天山、昆仑山和帕米尔高原环绕。唐代的玄奘法师描述此地："上无飞鸟，下无走兽。"自马可·波罗以来的外国探险家则无一例外地称这里为"死亡之海"。无垠的沙漠本不适于鸟类的生存，而塔里木盆地周边的山地则限制了白尾地鸦向其他地方的扩张。但白尾地鸦居然选择了这里作为自己唯一的家园，这实在是令人费解。

1. 野外观鸟注意事项

鸟类自古以来都被视为精灵者，像鸟一样在天空飞翔，是人类早就有的梦想。观沙漠绝地的鸟类——白尾地鸦，感受沙漠鸟类的极限生存。

在野外观鸟也不是任意而为的，也要遵守一定的规则。比如观鸟可在行进中或静止在一个地点观察。行进中观鸟可以乘汽车、骑自行车，不过最好还是沿一定的路线步行，边走边听周围鸟的鸣叫，寻觅鸟的身影，发现目标后停下来用望远镜仔细观察。发现鸟时不要大声喊叫，不要用手去指，人与鸟要保持一定距离，不要往前靠近，防止鸟类惊飞。静止在一个地方观鸟，可在茂密的树林中或鸟巢附近将自己隐蔽起来，不要惊动鸟。

同时，外出观鸟尽可能避免穿着鲜艳抢眼的服装，最好是灰、黑、蓝、绿、迷彩等颜色，不要颜色鲜艳的，也不要大面积白色的，最好防雨。也不可过分追逐它们，因为有些鸟可能因体能衰弱而暂时停栖某一地区，此时，它们急需休息调养，您的追逐行为，可能导致其步向死亡之途。

如果是带着孩子，可以让孩子留心观察白尾地鸦的羽毛颜色、喙的长短特征，以及它们高飞和滑翔时双翅的变化，然后将这些用绘画的方式记录下来，这不仅能够增加孩子鸟类知识的积累，更可以培养孩子爱护鸟类的意识。

2. 增加危机意识

也许对白尾地鸦了解后，有人会对白尾地鸦四处藏食物的行为嗤之以鼻。其实，白尾地鸦之所以这么喜欢藏食物，是因为它们有危机意识。在食物匮乏的沙漠中，如果没有食物，那也就意味着死亡。所以，白尾地鸦颇有先见之明，在食物丰富的季节就开始贮藏食物。在生活中，人们应该向它们学习。当然，大家可以不用藏食物，但是"藏"知识，努力提高自己也是一样的道理。

海阔天空·静观沧海

辽阔的大海，同苍凉、雄浑的沙漠一样，凝聚着一种无法言说的神秘生命力，给人一种超越自然的深刻印象。蔚蓝色的海水被风吹得哗哗作响，掀起一朵朵白色的浪花。登高远望，海天一色，分不清哪里是大海，哪里是蓝天。海水就像一匹宽阔无边的蓝绸子，一直铺到了天边。

　　有大海的地方，就是浪漫、绚丽和传奇的结合体。蓝天、白云、沙滩、碧浪，身处其中，宛如到了人间天堂。静观沧海，聆听海的声音，领悟海的神秘，感受海的广阔，这不也是一种放松、一种享受吗？

美丽的海上绿洲——南澳岛

美丽的海上绿洲——南澳岛，坐落在广东省东端南海海域，处在汕头、高雄、厦门与香港这几大港口城市的中心点，濒临西太平洋国际主航线，地理位置十分优越。自古今来，南澳是东南沿海一带通商的必经泊点和中转站，早在明朝就已有"海上互市"的称号。

在这个岛上生长着 1000 多种热带和亚热带植物，并且有很多野生动物栖息在此。海泉湾主岛附近有一个鸟岛，是候鸟自然保护区。南澳岛有得天独厚的旅游资源、港口资源和水产资源，有文物古迹 50 多处、寺庙 30 多处、大小港湾 66 处、可开发渔场 5 万平方千米。同时，它是广东省唯一的海岛县，也是汕头市的唯一辖县，附近有 37 个小岛屿。

其实，早在几千年前，南澳岛上就有人类生活。西汉元鼎六年（公元前111 年）南澳归南海郡揭阳县管辖。

南澳岛本为闽越地，后来，秦汉为了削弱闽越，将其划给南越管辖。南朝梁朝普通四年（公元 523 年），划入东扬州，划入福建，南澳岛全属福建。南朝陈朝时期，继续划入福建。隋开皇十一年（公元 591 年），全国撤郡设州，义安郡翌年改名"潮州"。隋开皇十二年（公元 592 年），潮州划入福建，那时潮州叫义安郡。唐贞观三年（公元 629 年）再次划入福建，隶属江南道福建经略史。唐朝中期，潮州、汕头一带曾经隶属闽州都督府、福州都督府和福建节度使等，南澳岛全属福建，明万历三年（1575 年），南澳岛分属福建与广东，设南澳副总兵，即"协守漳潮等处驻南澳副总兵"，分广东、福建两营。清康熙二十四年（1685 年）升设南澳总兵，管辖闽南、台湾、粤东海域军事，南澳岛仍然分属广东、福建管辖。直到 1914 年，南澳全岛才划给广东。

关于南澳岛，还有这样一个传说：

南澳岛的碧海明珠青澳湾

传说很久很久以前，在闽粤交界的海面上，南澳岛的东面有一座岛，岛上有一座东京城，有一条石板路使南澳与东京城相通。玉皇大帝赐给掌管东京的男岛神一个鼎盖，赐给掌管南澳的女岛神一个酒盅。一天，女岛神登山游玩。在峰顶上，她远望东、南海之交无垠的海面，近观足下美丽的小岛，正当她怡然自得之时，一个念头在脑际浮生：小岛像只酒盅，虽然美丽，然而酒盅置于海中，将有沉没之灾，这将如何是好？几经思索，她认为欲免此厄，只有用酒盅换取鼎盖。一天，南澳女岛神宴请东京男岛神，酒席间，女岛神借盅为题，述说酒盅的雅致与妙用，认为它于男人才能派上最大用场，而鼎盖对于女人用途更大，提出了互换宝贝的要求。男岛神酒意方酣，见酒盅的确别致，用于饮酒最好，大为动心，终于与女神交换了宝贝。

再说东京城内有一姓钱的富人，人称钱员外，得知东京男岛神的鼎盖被南澳女岛神换走，总担心东京有朝一日要下沉，他找卜卦先生问卜："先生，你能不能算出东京城会不会沉没？"卜卦先生盼到赚钱的机会便说："会！"并告诉他："东京下沉，为期不远。"钱员外闻言，吃惊不小，急切问道："沉没前有没有征兆，望先生指点。"卜卦先生闭上眼睛，随口说道："南澳岛北角山东面那头大石狮，脖子流血之时，就是东京下沉之日！"

钱员外听完，惊恐万分，赏了卜卦先生一些银子匆匆回家。他一面请人赶造一艘逃难用的大船，另外派了一名婢女每天清晨到南澳岛北角山观察大石狮的变化。婢女奉命，每天一早通过石板路去往南澳北角山。一位杀猪大哥每天清早从石狮前经过，见一女子天天在此观望，深感诧异。一天早晨，见那女子又来了，便上前询问缘由，婢女讲明原委后叹气道："我跑得脚底

1. 清澈的海水、柔软的沙滩、新鲜的空气，让来这里的人获得了心灵的安慰

2. 这里就是充满传奇色彩的金银岛

都起泡了，还不知要跑多少回呢？"杀猪大哥听后笑了笑，心里有了主意。第二天一早，婢女发现石狮大血淋漓，急忙赶回家向钱员外报告。当钱员外一家收拾细软登船之时，只听得"轰隆"一声巨响，东京城果然沉到海里去了！

这就是流传于粤东闽南一带"沉东京、存南澳"的奇妙传说，据说南澳渔民在青澳湾东角海面捕鱼，还不时打捞到碗瓮等什物，有时船底还会触到海中房屋的飞瓴角呢！

南澳岛地处亚热带，北回归线横贯其中。冬暖夏凉的海洋性气候十分宜人，且空气清新，没有各类污染工业。独特的地理位置和丰厚的自然资源，使南澳具备了很多现实和潜在的发展优势。同时，南澳岛位于高雄—厦门—香港三大港口的中心点，濒临西太平洋国际主航线。

南澳岛的烟墩湾、长山湾和竹栖肚等多处具备兴建深水港、辟建万吨级码头、发展海洋远运事业的优越条件。南澳岛的青澳湾是沙质细软的缓坡海滩，海水清澈，盐度适中，是天然优良海滨浴场，是广东省两个 A 级沐浴海滩之一，还有"天然植物园"之称的黄花山国家森林公园和"候鸟天堂"之称的岛屿自然保护区，又有亚洲第一岛屿风电场，还有历史悠久的总兵府、南宋古井、太子楼遗址及众多文物古迹，具有"海、史、庙、山"相结合的立体交叉特色，蓝天、碧海、绿岛、金沙、白浪是南澳的主色调。盛夏季节，海风习习，气候清爽，是观海、避暑、消夏的好地方。

这里风景独好

1. 青澳湾

青澳湾是南澳岛的龙头景区，位于南澳最东端。它的地质构造十分独特，海湾两边的岬角呈半封闭状环抱海面，使海湾似新月，海面如平潮，沙滩平缓，150 米内水深不超过 1.2 米，成为中国东部沿海一处不可多得的天然海滨浴场，是广东省两个 A 级海滨天然浴场之一，素有"东方夏威夷"之称。国家领导人、外国客商、文人墨客对美丽的青澳湾赞不绝口，称之为"泳者天池"。青澳湾不仅拥有优美的自然风景，而且拥有丰富的历史胜迹，有清代潮州知府为纪念陆秀夫护送南宋末代皇室在岛上避难的历史而修缮的陆秀夫衣冠冢，以及摩崖石刻丞相石等。

关于青澳湾，在闽粤沿海流传着一个美妙的传说：东海龙王的七个女儿有一天偷偷跑出龙宫，要到南海寻找好玩的地方。刚过南海，但见海面有一

小岛，东北角岛礁环绕，将大海圈成平湖，沙滩纯净洁白，海水清澈如镜，山川秀丽无比，她们被迷住了。沐浴戏耍，临回东海龙宫仍依依不舍，各抛下金钗留为标记。龙女眷恋的海滩就是南澳岛青澳湾，龙女抛下的金钗化为七座礁石。退潮时，礁石裸露，远望似七颗星飘浮于蓝天；稍有风浪，碧波托起白浪，仿佛来自天际，溅起的阵阵飞沫置七星礁于朦胧之中；夜晚，浪击礁石，不时闪着淡淡的光亮，就像在广汉幽邃的夜幕上点缀着七颗闪烁微光的彗星，成为"七礁缠星"佳景。

2. 金银岛

金银岛是传说中吴平藏宝地。金银岛面积大约1000平方米，三面环海，碧波荡漾，岛上由天然花岗岩大石相叠而成，曲径通幽，石洞穿插，阴凉无比。在雨伞形亭子前面，坐着一位美娘子石雕像，人物造型是吴平的妹妹。她一手抚着元宝，一手接着剑柄，一副守护宝物的样子，据说摸摸她手上的元宝，还会给人带来不少"财气"呢。她身旁石壁上刻着《金银岛纪事》等碑记。周围林立的怪石，刻有名家手笔的各种妙诗和佳墨。

3. 总兵府

总兵府又称总镇府，是一处著名的历史文化遗址。它始建于明朝万历四年（1576年），后因大地震破坏，原貌大部分消失。县委县政府委托古建专家按明清风格重新设计复建，现成为南澳岛一处知名景点。总兵府作为历史文化景点有三大特点：一是资源的稀缺性。它是全国唯一的海岛总兵府。二是历史文化的内涵丰富。明、清两朝，有173位正、副总兵赴任，刘永福曾任南澳总兵官，郑成功曾在岛上举义旗，留下招兵树。三是对台关系意义深远。南澳总兵府自康熙二十四年（1685年）起，负责闽粤二省及台湾、澎湖海防军务，成为"台湾是中国不可分割一部分"的重要历史见证。1999年，汪道涵先生上岛考察工作时欣然题字"闽粤总镇府"。

4. 岛上的寺庙

南澳岛上，寺庙可不少。其中，南山寺和云盖寺是最有特点的两座寺庙。

南山寺位于广东汕头南澳岛古城之南，地处"独鲤朝阳"，后枕金山，面向梅花村，古树参天，坑泉潺潺，井水甘甜，幽深清雅。该寺创于明末，由火神爷小庙扩建而成。后经重建和修缮，全寺宏大庄严，结构精巧，雕梁画栋，飞檐翘角，琉璃焕彩。建筑面积1000余平方米，坐东北向西南的古刹，只见古代门匾额石刻深厚逸美的"南山寺"三字。新建的大山门楼，坐南向北，高约9米，宽约10米，恢伟瑰丽。大门内辟有停车场，兴建一座三层接待楼（每层约200平方米）。向南走过围墙，就抵中心，从西向东耸立着天王殿、大雄宝殿、祖堂、观音阁、左厢三层楼、右侧大庭院、斋堂等。宝殿雄伟，祖堂庄严，观音阁恢宏，钟磬传声，花草流芳，令人流连。

最早的佛门就是创自宋朝的云盖寺（原称三宝寺，明重修时易名）。2000年新创山门，进入前门楼，右边向海高墙上中间，屹立着一座重建一新的妙香亭，夏日花开，清风徐来，令人神爽。闲坐其中，窥望窗外，则见官屿浮于天上，宋井所在海滩林涛青翠，引为奇观。与亭隔一空埕的大殿，是全寺之中心，人们往往以为它是"大雄宝殿"，但大殿内佛龛主奉的不是释迦牟尼佛，却是观音，十分特殊，相传这是缘于古刹原来的堂宇被拆，现存这座为观音院之故，它于 1999 年重建。重建一新的云盖寺，坐东北向西南，建筑面积约 700 平方米。大殿两厢新筑的房舍，东者为楼，西者平房。有后门楼（与前门楼相对），路通山峦，别有天地，近有嶙峋石岩，下涌泉不息，古树遮掩。

5. 屏山岩

屏山岩，不仅是一座古老庄严的沙门，而且是一处山水妖娆的胜景，更是一座诗墨荟萃的宝库，坐落于古城深澳后面的"西天岭"，亦称金针峰。喜欢攀登的人，从深澳水电站后沿着大水管，踏过据说 999 级石阶便可到达。不善登山的人也不用愁，近年新开的东、西两条公路线可使汽车直达。汽车从深澳镇向西沿山腰公路逶迤转南上行，到雄镇关折向西去，于果老山水库转过后花园，几分钟后便可到达屏山岩；另一条路从县城向东北沿公路上风能发电场，过大兰口转北向后花园，同样可到达屏山岩。屏山岩经过修葺和扩建，已成一座颇为壮观的丛林古刹。

高大的门楼正中悬挂着"屏山岩"的牌匾。进入门楼，便见弥勒佛笑脸相迎。弥勒佛背后，手执金刚的韦驮立像形象威武。内埕东西厢是祖堂和客厅，中座矗起一座高台。踏着石级，上了拜亭，但见内外四根立柱上刻着对联："翠竹黄华皆实相，清池皓月照禅心""定境寂时烦恼寂，持心平处世间平"。拜亭后的大雄宝殿供奉如来佛和普贤菩萨、大势至菩萨，显得宝相庄严；东、西两侧各供着达摩祖师和坑兰菩萨。据说一身文官服饰的坑兰，原是朝廷官员，曾为维护佛门利益竭诚尽力，死后被作菩萨奉祀。大雄宝殿后，在古榕掩映之中，是一处宽敞典雅、雕栏玉砌的藏经楼。藏经楼除珍藏佛教典籍外，还供奉十八罗汉。藏经楼前东、西两室，分别是地藏阁和观音阁。藏经楼后的高丘之上，有一座拔地而起的七级浮屠"金针塔"，八面玲珑，直插霄汉，塔联为"登临出世界，蹬道盘虚空"，攀塔可以体验一下古人的诗意。

1. 体会海边风情

在城市里居住得久了，生活和工作的双重压力会压得人精神紧绷，似乎一个不小心就会崩溃。不要等到精神崩溃时才想到解决问题，在日常生活中就要学会调节自己的情绪。可以和朋友聊聊天，外出旅行一次。总之，放松的方法有很多。

如果是旅行，那么观海并体会海边风情是一个不错的选择。阳光、大海、沙滩、新鲜的空气，会让人觉得新鲜和新奇。晒着太阳，吹着海风，漫步在海边，别有一番滋味，它会让你忘却烦恼、丢下心里的枷锁，整个人都会变得轻盈自在。

2. 海边也要讲文明

人们总能在黄金周、小长假之后的报纸、电视等媒体上看到诸如各景区垃圾如山等报道，海边也不例外。人们在享受海边的美丽之后，随手将垃圾扔在海滩上，人群散场之后，可以见到"满目疮痍"的海滩。看到这样好端端的景区被弄得面目全非，会不会感到惭愧呢？

其实，维护海边的清洁，并不需要你付出什么，只要自觉将自己产生的垃圾清理好，走的时候顺便扔进垃圾桶，就不会出现这样的场景。保护环境是大家的责任，并不是哪一个人的义务。

所以，当你在海边漫步，享受海风、阳光、沙滩带给的快乐的同时，也请注意不要随手将手中的垃圾乱扔。

人间天堂——涠洲岛

涠洲岛是一座位于广西壮族自治区北海市南方的北部湾海域的海岛，是中国最大、地质年龄最年轻的火山岛，也是中国最美的海岛之一。岛上拥有众多名胜风景区，包括天主教堂，客家风情十分深厚。来到涠洲岛，特产丰富的海岛将让你流连忘返，回味无穷。涠洲岛在1994年被辟为省级旅游度假区，也是中国国家地质公园。岛上有名的建筑有三婆庙、圣母庙和天主教堂等。

涠洲岛位于北部湾中部，北临广西北海市，东望雷州半岛，东南与斜阳岛毗邻，南与海南岛隔海相望，西面面向越南。南北方向的长度为6.5千米，东西方向宽6千米，总面积24.74平方千米，岛的最高海拔79米，是火山喷发堆凝而成的岛屿，有海蚀、海积及熔岩等景观，尤其南部的海蚀火山港湾更具特色。从高空鸟瞰，涠洲岛像一枚弓形翡翠浮在大海中。

涠洲岛地势南高北低，其南面的南湾港是由古代火山口形成的天然良港。港口呈圆椅形，东、北、西三面环山，东拱手与西拱手环抱成蛾眉月状，像巨大无比的螃蟹横卧海中。码头背靠高10~30米的悬崖峭壁，崖顶青松挺拔，巨型仙人掌攀壁垂下，各式船艇进进出出，人来货往；飞鸟水禽，时隐时现；浪涌波兴，空阔无边；水天一色；气象恢宏。位于涠洲岛西南端，是涠洲最富特色的游览区，其火山口景观、海蚀景观、热带植物景观、生物和天象景观独特，并具有很高的科研价值。主要景点有绝壁览胜、龙宫探奇、平台听涛、百兽闹海等。

从整体山岩上分离出的巨型石块，在海水旋流冲刷剥蚀下，形成头大腰细的海蚀蘑菇。岛上西港码头有高3米、宽6米的巨型海蚀蘑菇。当几个海

涠洲岛之风景宜人的月亮湾

1. 曾经这里的人们就是依靠这样的木制渔船出海打鱼来维持自己的生活

2. 涠洲岛的黄昏美得让人窒息

蚀洞受侵蚀而连成一体时，就成为凹进陆地的槽形穴，它被称为"海蚀龛"。涠洲岛风光壮美，比较著名的景点有"滴水丹屏""龟豸拱碧""芝麻滩""法国传教士人头像""火山弹荟萃"、三婆庙、圣母庙、天主教堂和汤显祖观海处等。

岛上盛产花生、香蕉，这里所产花生油，色泽金黄，含水少，耐储藏，早就远销香港、东南亚一带。海参、鲍鱼、鳝肚是闻名国内外的四大名产。墨鱼、石斑鱼、红鱼等也是这里特产，此外还有海龟、海马、海豚。

木菠萝属于亚热带水果，也是涠洲岛上的特产之一。主要品种有干苞菠萝、干湿苞菠萝和湿苞（又称油苞）菠萝等。涠洲波罗蜜以肉质芳香、清甜脆嫩而闻名，特别是干苞菠萝，更受人们青睐。

涠洲岛气候宜人，资源丰富，风光秀丽，景色迷人，四季如春，气候温暖湿润，富含负氧离子的空气清新宜人。夏无酷暑，冬无严寒，年平均气温

23℃，雨量 1863 毫米，是广西最多雨的地方之一。四周烟波浩渺，岛上植被茂密，风光秀美，尤以奇特的海蚀、海积地貌、火山熔岩及绚丽多姿的活珊瑚为最，素有南海"蓬莱岛"之称。涠洲岛与火山喷发堆积和珊瑚沉积融为一体，使岛南部的高峻险奇与北部的开阔平缓形成鲜明对比，其沿海海水碧蓝见底，海底活珊瑚、名贵海产瑰丽神奇，种类繁多。

涠洲岛也是潜水的胜地，与美丽的三亚相比也是不逊色的，可以潜水的地点非常多，石螺口、滴水丹屏、北港、猪仔岭、斜阳岛、鳄鱼嘴景区等都是潜水的最佳地方。

这里就是人间天堂，这里就是观海胜地，不要将空暇时间碌碌而过。从现在起，走出家门，走出城市，一起到这里观海听涛吧！

1. 斜阳岛

斜阳岛，位于涠洲岛东南海面 9 海里处，与涠洲岛素有"大、小蓬莱"之美誉，面积 1.89 平方千米，是广西纬度最低的地方。从涠洲岛可看到太阳斜照岛的全景，又因该岛横亘于涠洲岛东南面，南面为阳，故称斜阳岛。也有说法是斜阳岛之名来自于"夕阳挂岛"之美而得名。斜阳岛状似一朵盛开的莲花，中部凹陷，四周凸出。沿岸陵岩壁立，下临深渊，怪石嶙峋，飞鲨怪鱼、贝类珊瑚清晰可见。岛上冬暖夏凉，野花繁多，森林原始，山径迷离，海蚀、海积、熔岩及悬崖景观奇特、气势雄伟、蔚为壮观。同时是寻幽探险的乐园。

斜阳岛上长满了相思树与仙人掌，仙人花四季怒放，仙人果常年飘香。斜阳岛的美可以让你忘记时间，忘记杂念；斜阳岛的美无法用语言来描述，只能用心去体会！

2. 鳄鱼山公园

鳄鱼山公园也称国家火山地质公园，紧邻滴水丹屏海滩，位于涠洲岛南部西岬角。为国内第一个火山岛地质公园。拥有震撼人心的火山海蚀景观。三面环水，状似一条在海面向前游动并张嘴欲吞食猎物的大鳄鱼。

鳄鱼山公园是涠洲岛最佳观海场所，有风时，浪浪相涌，扑在岸边的岩石上腾起高高的白花，迸出"轰轰"的响声。蓝天、碧海、白云、岩石交相辉映，美不胜收。

3. 天主教堂

涠洲岛天主教堂是法国人修建的，整个建筑群由教堂、男女修道院、医院、神父楼、育婴室等组成。当时还没有钢筋水泥，建筑材料全取自岛上的珊瑚、岩石、石灰拌海石花及竹木建造。一百多年来，涠洲岛天主教堂虽经历了多少风雨的冲刷，仍保存完好。

天主教堂颇具特色，它高 13.5 米，长 56 米，宽 17 米，全用岩石、珊瑚粒及竹木瓦建造，建筑面积为 1500 平方米，教堂内可容纳教徒 1500 人。涠洲岛天主教堂始建于清代同治年间，历经 20 年才建成。现在除教堂和钟楼外，其余都已荡然无存了。

4. 滴水丹屏

滴水丹屏在涠洲岛滴水村南岸边，原名滴水岩。绝壁上部绿树成荫，壁上层间裂隙常有水溢出，一点点往下滴，如朱帘垂挂。由于海蚀作用，岩石的外表形态犹如一有眼、有鼻、有嘴、有发的巨型侧面"人头像"（现已倒塌），景致优美。

滴水丹屏的海滩非常不错，靠近水边的沙子很细腻，中间铺满了碎珊瑚，再往岸边就是松树林。在这里游泳的人很多，在海里随着海浪的涌动时而跳跃，时而漂浮。

滴水丹屏是赏日落的最佳位置。在晴天的时候，每当傍晚时分，将落的太阳会绽放出一天中最后的灿烂，为人们呈献出最绚丽的晚霞。

5. 五彩滩

五彩滩，原名芝麻滩，是因沙滩上有许多像芝麻一样的黑色的小石粒而出名。退潮后的芝麻滩格外漂亮，巨大的火山岩石一层一层，在阳光的照射下十分壮观。大片大片的火山熔岩裸露出来，十分宽阔。许多地方虽然海水退了，但还是留下了大片大片的水洼，在蓝天的映射下，一洼一洼的水在视线中变成了蓝色，和裸露的岩石一起，很是迷人。远处蓝蓝的天和蓝蓝的海水成了一色，白白的云点缀蓝蓝的天，让天空更生动；海水时而很温柔地亲吻着火山岩石，时而遇到岩石便跳跃起来，飞溅成白色的美丽的浪花。

碰到好天气，在芝麻滩远眺，斜阳岛犹如就在眼前。

1. 赏景也要注意安全

对每一个人来说，不论男女老幼，安全始终是放在第一位的，尤其是外出旅行时。在观海赏景时，一定要随时注意脚下，注意周围情况。尤其是在游览一些名胜古迹、热门景点时，切不可随便跟着人潮拥挤，一定要守秩序、守规则，按顺序排队进入景区游览。这样才能在欣赏到美景的同时放松自己的心情，否则，乱闯乱撞只会不断地制造麻烦，心情反而会更糟。

2. 不要偷偷跑到海里

每个人的天性都是喜欢玩的。其中，有一些人还特别喜欢刺激性的游戏。到了海边，大海无疑是最吸引他们的。有些胆大的人，可能因为会游泳、会潜水，并且对自己的技术很有信心。因此，就会一个人偷偷跑到海里，并且跑到无人的深海。

殊不知，这是一种非常危险的行为。要知道，在泳池里游泳和在大海里游泳是不一样：泳池里的水是相对静止的，大海是流动的，潮涌大的时候，人有时根本无法抵挡。特别是一个人在没有他人的陪伴下，遇到突发状况（比如脚抽筋等），由于缺乏此类经验，很可能会造成生命危险。因此，切勿心存侥幸。

天下第一湾——亚龙湾

　　亚龙湾位于中国最南端的热带滨海旅游城市——三亚市东南，是海南最南端的一个半月形海湾，全长约 7.5 千米，是海南名景之一。亚龙湾原名牙龙湾，后改名为亚龙湾。亚龙湾的沙滩平缓宽阔，浅海区宽达 50~60 米。沙粒洁白细软，海水澄澈晶莹，而且蔚蓝，能见度 7~9 米，适合潜水。海底世界资源丰富，有珊瑚礁、各种热带鱼、名贵贝类等。年平均气温 25.5℃，海水温度 22~25.1℃，终年可游泳，被誉为"天下第一湾"。

　　就像许多海岛、港湾一样，亚龙湾也有属于自己的美丽传说。

　　传说很久很久以前，在亚龙湾一带，海边没有沙滩，紧靠海面的是高山峻岭和悬崖峭壁。在紧邻海边的高山上，住着几十户黎族人家。得大海风光的滋润和山野美景的厚泽，这里的姑娘容貌如花似玉，眼睛晶亮清澈，皮肤白净如雪，身段如婀娜多姿的槟榔树，个个美似天仙。其中一位叫吉利的姑娘皮肤白得耀眼，眼睛亮的赛星星，向她表示爱情的小伙子不下几十个，可她偏偏只爱穷苦的渔民阿祥。

一日，十几个仙女下凡，到这里的海中洗澡，忽见吉利和她的女伴走来，她们惊叹人间竟有如此美丽的女子。在自叹不如的哀怨声中，她们一个个沉入了海底，不敢和吉利她们媲美。从此，仙女们再也不来这里沐浴了。

仙女们回到天宫，把她们在人间看见美女的事告诉她们的哥哥，并撺掇她们的哥哥下凡娶吉利和她的女伴为妻。

七位英俊潇洒的仙子听仙女们说凡间竟有赛似天仙的女子，怦然动了凡心，他们手牵手踩着云朵来到海边，等了一天一夜才见吉利和她的女伴背着

美丽的亚龙湾像是把人的眼睛都给洗得干净、透明

腰篓朝海边走来。一见果然名不虚传。于是，他们忘了文雅，忘了礼节，对七位姑娘施了仙法，就见七位姑娘脚底像踩了风似的随他们朝深山峻岭跑去。其中一位是吉利。

就在此刻，阿祥和他的伙伴们出海捕鱼回来。见吉利她们跟着七个男子往深山里跑，气不打一处来，他们跳下船就追，可就是追不上。他们喊叫，也不见七位姑娘回应他们。

再说，吉利和她的六个女伴随七位仙子来到深山，七位仙子彬彬有礼地向七位姑娘求爱，七位姑娘说，她们都有心上人了，不能接受他们的求爱。七位仙子这才想起婚姻是月下老人主管的，不能强求。他们无不遗憾地瞥了姑娘们一眼，然后又施了仙法将她们送回了家。七位仙子见姑娘们安全地回到家门口，便飘然回到了天宫。

吉利她们回到家中，见她们的未婚夫都白了头，感到非常奇怪。她们向未婚夫细说了她们所遇到的事，并提出立即和未婚夫完婚。但是，她们的未婚夫没有一个愿意娶她们，因为他们心中的猜疑。七位姑娘的未婚夫冷淡了她们，七位姑娘的父母冷淡她们，七位姑娘的兄弟姐妹冷淡她们，村里的父老乡亲都冷淡她们。

在冷嘲热讽中，七位姑娘心灰意冷，悲愤地走进海里，以死明志。这时，山呼海啸，雷声翻滚，大雨倾盆，在呼呼的狂风和轰轰的雷声中，高山峻岭和悬崖峭壁不断地往后退，整个海边出现了一个月牙形的湾口，紧挨湾口出现了一条平缓延伸的沙滩，其沙白如雪、软如棉、细如面，湾内的海水湛蓝如玉。

外面的变化，七位姑娘的亲人们在屋子里没有一点感觉，他们的屋子也随着高山峻岭和悬崖峭壁往后退出，高山峻岭和悬崖峭壁不退了，他们的屋

1. 来到亚龙湾不仅能欣赏到美景，还能畅游海底世界。这里的确是一个潜水胜地，不过要提醒大家的是最好在专业人员的陪同下进行

2. 蝴蝶谷

子也不退了。

七位姑娘走进海里时，他们的未婚夫正在后山上砍柴。闪电在他们的眼前掠过，雷声在他们的头顶炸开。阿祥大喊："这是怎么回事？"说时迟，那时快，只见闪电送来了一位美丽的仙女，她告诉他们："吉利她们是纯洁的，她们受不了这种委屈，投海自杀了。"她们明亮的眼睛融在海水里，使海水变得更加清澈，她们洁白的身体被海水冲到岸边，高山峻岭自叹不如立即让路。由于天上神仙的点化，她们的身体变成了洁白的沙滩。

风停了，雨止了。阿祥他们痴了般朝海边跑去，果然，一大片洁白如玉的沙滩出现在他们眼前。再看那海水，的确比以前清澈。他们倒在沙滩上痛哭不已。他们痛悔自己的过失，痛悔无端的猜疑既害了他们的未婚妻，也害了他们自己。

在海湾的旁侧，层峦叠嶂的山峰和蓝天相连。阿祥他们真诚的忏悔感动了天帝，他命他们的手下打开天门。顿时，霞光万丈，海鸥盘旋，彩蝶飞舞，吉利等七位女子款款从天门走出，踏上山顶。阿祥他们喜出望外，奔跑着冲上山顶，七位女子悠悠地后退。她们告诉他们，她们并没有死，七位仙子将她们的凡眼和海水融为一体，把她们的肉体点化成了沙滩，而她们的灵魂都升入了天堂。她们七个都变成了仙女。她们还告诉他们，这海湾属南海龙王第五个儿子牙龙管辖，这海湾应叫牙龙湾（亚龙湾）。

凡到过亚龙湾的人无不被这里的美景所陶醉。这里气候温和、风景如画，这里有蓝蓝的天空、明媚温暖的阳光、清新湿润的空气、连绵起伏的青山、千姿百态的岩石、原始幽静的红树林、波平浪静的海湾、清澈透明的海水、洁白细腻的沙滩及五彩缤纷的海底景观等；海滩宽阔平缓，沙粒洁白细腻，自然资源国内绝无仅有，海岸线上椰影婆娑，生长着众多奇花异草和原始热带植被，各具特色的度假酒店错落有致地分布于此，又恰似一颗颗璀璨的明珠，把亚龙湾装扮得风情万种、光彩照人。

这里三面青山相拥，南面向大海敞开。除阳光、海水、沙滩俱佳外，尚有奇石、怪滩、田园风光构成了各具特色的风景。锦母角、亚龙角，激浪拍崖，怪石嶙峋，是攀崖探险活动的良好场所。海面上以野猪岛为中心，南有东洲岛、西洲岛，西有东排、西排，可开展多种水上运动。亚龙湾中心广场有高达 27 米的图腾柱，围绕图腾柱是三圈反映中国古代神话传说和文化的雕塑群。广场上，四个白色风帆式的尖顶帐篷，给具有古老文化意蕴的广场增添了现代气息。

气候宜人，冬可避寒，夏可消暑，自然风光优美，青山连绵起伏，海湾波平浪静，湛蓝的海水清澈如镜，柔软的沙滩洁白如银。"三亚归来不看海，除却亚龙不是湾"，这是游人对亚龙湾由衷的赞誉。

1. 世界稀有的热带雨林景观

热带雨林在世界上仅存于南美、东南亚等极少几块区域，而中国的热带雨林仅有西双版纳和海南岛，海南岛也只在黎母山、霸王岭、尖峰岭、吊罗山、五指山等地有热带雨林。因路途遥远、交通不便而难以向世人展示其风貌，所以亚龙湾热带雨林保护基本完好，雨林景观颇具一定代表性、观赏性，更深得紧临三亚市区、位处亚龙湾畔之地利，让游客非常方便一睹中国热带雨林景观。

2. 亚龙湾贝壳馆

贝壳馆位于亚龙湾国家旅游度假区中心广场，占地面积 3000 平方米，是国内首家以贝壳为主题，集科普、展览和销售为一体的综合性展馆。在展览厅里，分五大海域展出世界各地具有典型代表性的贝壳 300 多种，有象征纯洁的天使之翼海鸥蛤、著名的活化石红翁戎螺和鹦鹉螺，等等。游客在曲径幽深、典雅自然的展厅里参观，仿佛沉浸在蓝色的海洋世界里，在惊叹大自然鬼斧神工的同时，激发人们热爱大自然、保护海洋的情感。

3. 亚龙湾蝴蝶谷

蝴蝶谷位于亚龙湾北部。走进蝴蝶状的蝴蝶展馆，只见眼前色彩斑斓，在 5 个展室中，中国最珍贵的喙凤蝶、金斑喙凤蝶、多尾凤蝶和高山绢蝶等，巨型翠凤蝶、猫头鹰蝶、银辉莹凤蝶、太阳蝶、月亮蝶等世界名蝶历历在眼，人们不禁为大自然的精灵赞叹不止。

出了展览厅，步入巧妙利用热带季雨林的自然植被环境建成的大型网式蝴蝶园，这里有热带特有的古藤，造型奇特而优美的榕树、著名的龙血树、生命力极强的黑格、厚皮树等，在野花和人工配置的鲜花相映下，给人以温馨静谧的感觉，汩汩的溪流伴着游人款款地穿谷而行，彩蝶翩飞，让人流连忘返。

1. 赶海的乐趣

居住在海边的人们，根据潮涨潮落的规律，会赶在潮落的时机，到海岸的滩涂和礁石上打捞或采集海产品，称为赶海。既然来到了海边，那么为什么不入乡随俗地赶一次海呢！也可以亲自体验一下海边居民的生活。在过程中，你一定会体会到赶海的乐趣、发现的乐趣、捡拾的乐趣……而这些都将成为旅行中最美好的记忆。

赶海的乐趣是什么？是踏在银白色的沙滩上，是海水轻轻掠过脚踝，还有在海中捕到一个又一个的战利品？当然，这些都是赶海的乐趣。不过，其中最重要的是赶海让人们卸下了心防，即使陌生的人在此时也变得容易接近，可以高兴地交流着彼此赶海的经验，一下子拉近了彼此之间的距离。

2. 用贝壳制作工艺品

看过亚龙湾的贝壳馆，你一定会被里面精美的贝壳和贝壳作品所吸引。那么，你也可以利用赶海捡来的贝壳制作一个属于自己的作品。可能，赶海所得贝壳不如贝壳馆里的大、精美，可是也各有不同。只要构思巧妙、用心制作，那就是最美的。

生活，有时不要太在意结果和表象，享受过程，享受完成作品的喜悦才是最重要的。如果在旅行结束，将自己的作品带回城市，作为馈赠亲友的小礼物也是不错的。

钢琴之岛——鼓浪屿

鼓浪屿隶属于福建省厦门市，位于厦门半岛西南隅，与厦门半岛隔海相望，只隔一条宽 600 米的鹭江，轮渡 4.5 分钟可达。鼓浪屿原名"圆沙洲"，别名"圆洲仔"，明朝改称"鼓浪屿"。因岛西南方海滩上有一块 2 米多高、中有洞穴的礁石，每当涨潮水涌，浪击礁石，声似擂鼓，人们称"鼓浪石"，明朝雅化为今名。

这里的街道短小，纵横交错，清洁幽静，空气新鲜，岛上树木苍翠，繁花似锦，特别是小楼的红瓦与绿树相映，显得格外漂亮。许多建筑有浓烈的欧陆风格，古希腊的三大柱式各展其姿，罗马式的圆柱，哥特式的尖顶，伊斯兰圆顶，巴洛克式的浮雕，门楼、壁炉、阳台、栏杆、突拱窗，争相斗妍，异彩纷呈，洋溢着古典主义和浪漫主义的色彩。中外风格各异的建筑物在此地被完好地汇集、保留，有"万国建筑博览会"之称。

岛上气候宜人，四季如春，无车马喧嚣，鸟语花香，也素有"海上花园"之誉。不仅如此，这里还是"音乐家摇篮"，钢琴拥有密度居全国之冠，只要你漫步在各个小道上，就会不时听到悦耳的钢琴声、悠扬的小提琴声、轻快的吉他声、动人优美的歌声，加以海浪的节拍，环境特别迷人。音乐，已成为鼓浪屿的特别绚丽的风景线。

鼓浪屿有许多钢琴家，那里有音乐学校、音乐厅、交响乐团、钢琴博物馆。音乐人才辈出，蜚声乐坛的有钢琴家殷承宗、许斐星、许斐平、许兴艾等。中国第一位女声乐家、指挥家周淑安，声乐家、歌唱家林俊卿，男低音歌唱家吴天球，著名指挥陈佐湟，还有李嘉禄、卓一龙等，可谓群星璀璨。

鸟瞰鼓浪屿，风景如画

1. 厦门鼓浪屿的城市景观也充满了音乐的味道

2. 钢琴博物馆

　　每逢节假日，当地人常举行家庭音乐会，有的一家祖孙三代一起演出，使家庭、团体、社会充满音乐气氛。因此，鼓浪屿又得美名"钢琴之岛""音乐之乡"，是一个非常浪漫的旅游景点。

　　鼓浪屿也是厦门最大的一个卫星岛，岛上岩石峥嵘，挺拔雄秀，因长年受海浪扑打，形成许多幽谷和峭崖，沙滩、礁石、峭壁与岩峰相映成趣。明末，民族英雄郑成功曾屯兵于此，日光岩上尚存水操台、石寨门故址。1842年，鸦片战争后，英国、美国、法国、日本、德国、西班牙、葡萄牙等13个国家曾在岛上设立领事馆，同时，商人、传教士、人贩子纷纷踏上鼓浪屿，建公馆、设教堂、办洋行、建医院、办学校、炒地皮、贩劳工，成立"领事团"，设"工部局"和"会审公堂"，把鼓浪屿变为"公共租界"。一些华侨富商也相继来兴建住宅、别墅，办电话、自来水事业。1942年12月，日本独占鼓浪屿；直至抗日战争胜利后，鼓浪屿才结束 100 多年殖民统治的历史。

鼓浪屿的夜显得清静而幽雅。尤其是夜景工程建设后，代表着自然景象的日光岩、代表着外国建筑风格的八卦楼、代表着音乐岛的钢琴造型的候船厅和矗立在覆鼎岩上的郑成功雕像等，在各色灯光映照下透明通亮，熠熠发光。特别是有几条激光射线跨越鹭江海空，变幻摇曳，令人眼花缭乱。隔江远眺鼓浪屿夜景，与厦门中山路的霓虹灯、高层建筑的射灯和许多彩色聚光灯，交相辉映，闪耀夺目，使岛上、海上、天上三维空间灿烂迷人。

如果有幸来到鼓浪屿，请不要带着太多的目的性，小岛最适合的就是随意转转，看看老房子，漫步幽静的小道，一切都是简单而自然，不需要过多的言语和装饰。真正的鼓浪屿是一份心情，需要自己沉淀下来细细体味，希望来过鼓浪屿的人能找到这份难得的闲适情怀，并把它带走。

1. 鱼骨艺术馆

相比鼓浪屿上的其他人文博物馆，鱼骨艺术馆更具海洋特色。鱼骨艺术馆本身是 20 世纪 40 年代的老别墅，它原汁原味地保留了当年的建筑特色。在二楼的平台上，可以看到鼓浪屿的全景，把所有景点尽收眼底。

虽然开馆时间不长，但是由于是全国唯一的一家鱼骨艺术馆，所以许多

来鼓浪屿的游人都慕名前往。馆内有一块巨大的鲨鱼骨，是镇馆之宝。另外展览的所有画作，都是由天然鱼骨一根一根拼制而成。这绝对不是简单的工艺品，而是极具艺术价值的创作。每一根鱼骨都是不可复制，因而成为独一无二的佳作。来到鼓浪屿，如果不去鱼骨艺术馆，那就错过了鼓浪屿的一大本土特色，因为这可是其他任何地方都看不到的。

2. 钢琴博物馆

2000年1月落成的鼓浪屿钢琴博物馆位于菽庄花园的"听涛轩"，陈列了胡友义先生收藏的70多架古钢琴。

博物馆里陈列了爱国华侨胡友义收藏的40多架古钢琴，其中有稀世名贵的镏金钢琴，有世界最早的四角钢琴和最早最大的立式钢琴，有古老的手摇钢琴，有产自约100年前的脚踏自动演奏钢琴和八个脚踏的古钢琴等。

澳大利亚著名钢琴演奏家杰佛利·托萨是胡友义先生的莫逆之交，他说："我以我的朋友为荣，他把一份最特殊的礼物献给了中国。"为庆祝开馆，杰佛利·托萨还在鼓浪屿音乐厅举办了专场演奏会。

在馆里的许多钢琴都经历了两次大战的岁月，即使是作为装饰物的烛台灯饰也有百年以上历史，参观一次钢琴博物馆，等于浏览了一遍世界钢琴发展史。一台1928年美国制造、价值昂贵的全自动"海那斯"名琴，用一卷卷打孔的古琴谱逼真地弹奏出贝多芬、肖邦、勃拉姆斯的作品，成为博物馆的背景音乐，与鼓浪屿的拍岸涛声相伴。其中，还有一台钢琴，曾被大火烧成两截，又被衔接起来，成了钢琴博物馆中唯一一台不能弹奏的钢琴。

3. 日光岩

日光岩位于厦门市鼓浪屿中部偏南，是由两块巨石一竖一横相倚而立，海拔92.7米，为鼓浪屿最高峰。

日光岩俗称"岩仔山"，别名"晃岩"，相传1641年，郑成功来到晃岩，看到这里的景色胜过日本的日光山，便把"晃"字拆开，称之为"日光岩"。日光岩游览区由日光岩和琴园两个部分组成。岩顶平台不大，四周环绕栏杆，就像一只升入天空的"吊篮"。游人登临，看云天近在咫尺，凭栏放眼，纵目远眺，厦门岛、鼓浪屿、大担、二担诸岛尽收眼帘。

从寨门拾级而上，有两块巨岩相互倾斜而成"人"字形洞穴，称"古避暑洞"，洞顶上方有清代台湾诗人施士洁的隶书"古避暑洞"石刻。夏天，洞内清风徐来，凉风袭人，委实是游客逗留片刻的好地方。洞左边的岩顶，有一个"仙人"洗脚的石盆，长年累月积水，近旁还有"仙人"的"脚印"，其实乃海蚀地貌的一种。

1. 感受艺术带给人的快乐

鼓浪屿是一座充满艺术气质的岛屿，这里的街道和建筑，到处都洋溢着艺术的浪漫氛围。在风琴博物馆、钢琴博物馆、鱼骨艺术馆里，不仅可以让人大饱眼福，更能让人升起对艺术的追求。

现实生活中，有些人也许从小就学过钢琴、小提琴等乐器，可能也学习绘画，但是到了工作和成立家庭之后，逐渐地慢慢被工作和生活琐事所替代，已经没有多余的时间支付给钢琴、小提琴、绘画了。真的是没有时间吗？不要拿没有时间当借口，只要少睡一些懒觉、少打一会儿游戏、少上一会儿网，也许就有时间了。也许有些人会认为弹琴、画画是在浪费时间，其实不然。这是在提升你的修养，是一种艺术的修养。要知道，艺术修养对一个人的气质是非常重要的。

2. 钻围栏不可取

如果出行带着孩子，那么，作为父母就一定要注意他们的安全。在观光游览时，大家经常能发现一些景区的周围被围栏所挡，这是为了安全而设置的。比如，在日光岩四周就围着围栏。这些围栏的中间都有一些小小的缝隙，有些顽皮的小朋友就会将腿、手，有的更是尝试将脑袋伸向里面，这些不仅是不适宜的举动，更是危险的行为。因此，父母一定要提醒孩子不要有此类行为，一旦发现更是要严厉制止，并将其中的危害讲给他们听。

南国蓬莱——湄洲岛

湄洲岛紧靠福建省的"黄金海岸"湄洲湾，是莆田市第二大岛，包括大小岛、屿、礁 30 多个。全岛南北长 9.6 千米，东西宽 1.3 千米，中部为平原，海岸线长 30.4 千米。全岛南北纵向狭长，因形如蛾眉而得名，被誉为"南国蓬莱"。

湄洲岛属典型的亚热带海洋性季风气候，年均气温 21℃，年均降雨量 1000 毫米左右，气候温和。具有得天独厚的滨海风光和自然资源，是难得的旅游度假胜地。蓝天、碧海、阳光、沙滩构成浪漫旖旎的滨海风光。全岛海岸线长 30.4 千米，有 13 处金色沙滩，还有连绵 5 千米的海蚀岩。岛上有融碧海、金沙、绿林、海岩、奇石、庙宇于一体的风景名胜 20 多处，形成水中有山、山外有海、山海相连、海天一色的奇特的自然景观。千古绝唱的湄屿潮音，或如管弦细雨，或如钟鼓齐鸣，如怨如诉，如歌如吼。峥嵘嶙峋的鹅尾神石，历经岁月洗礼，酷龟、如蛙、像鹰、似狮、若舟，栩栩如生，惟妙惟肖。

提起湄洲岛，不得不说妈祖文化。这里是妈祖文化的发祥地，这里是2亿妈祖信众魂牵梦萦的妈祖祖庙。每年农历三月廿三妈祖诞辰日和九月初九妈祖升天日期间，朝圣旅游盛况空前，被誉为"东方麦加"。那妈祖到底是何人，她又有怎样的来历呢？

妈祖原名林默，也叫林默娘。相传，妈祖生于宋建隆元年（公元960年）三月廿三，逝于宋雍熙四年（公元987年）九月初九。因她出生至满月从不啼哭，父亲给她取名曰"默"。终生未嫁。她生前兰心蕙质，聪明好学，8岁能诵经，10岁能释文，13岁学道，16岁踩浪渡海，懂医术，识气象，通航海。在她短暂的一生中，为邻里和过往的海上商贾渔民做了许多好事，经常在海上抢救遇险渔民。宋雍熙四年九月初九，林默娘28岁时，辞别家人，在湄洲岛湄屿峰归化升天。人们敬仰她行善积德、救苦救难的精神，为了纪念她，当年就在湄洲峰"升天古迹"旁立庙奉祀，尊她为海神灵女、龙女、神女等。宋徽宗时封妈祖为"顺济夫人"，这是朝廷对妈祖的首次褒封。

湄洲岛妈祖庙

1. 在湄洲岛无人不知妈祖，当地渔民出海前都会到妈祖庙祈福、朝拜，希望妈祖能够保佑他们此行平安

2. 湄洲岛上巨大的妈祖雕像

以后历代朝廷还敕封她"天妃""天后""天上圣母"等尊号。

白玉沙滩背靠妈祖山，北斜湄屿潮音，笑口迎东海，青山绿水，碧海银滩，白鸥踏浪。更有渔村乡情。祖庙前面海岸岩石错列，有大片辉绿岩，受风涛冲蚀，年长月久，形成天然凹槽，宽 1.2 米，长数百米。随着潮汐吞吐，产生共振，便发出奇妙而有节奏的音响，组成一曲曲动人心弦的自然交响乐。游人到此，必融入"湄屿潮音，世代香火"的氛围之中。

站在湄洲祖庙山巅，秀峰奇石、幽洞静林衬托下的湄洲祖庙巍峨壮观；

那巍然屹立的妈祖雕像，面朝大海，雍容慈祥，是一尊永恒的海神，是和平的象征。妈祖精魂，古今中外无处不在。

这里风景独好

1. 九宝澜黄金沙滩

被誉为"天下第一滩"的九宝澜黄金沙滩位于湄洲岛西南突出部，前临碧波万顷，后枕绿茵千畴。金色的沙滩绵延数公里，宽敞平坦，状如一钩新月，悬挂在湛蓝的大海上。游人在湄洲岛北部的妈祖山朝圣之余，驱车涉足九宝澜，犹如步入仙宫月窟。

九宝澜沙滩长3千米，宽500米，滩平坡缓，沙细如面，面对浩瀚无垠的碧海，背依千亩葱茏的木麻黄，滩头奇峰挺秀、怪石嶙峋，造化的钟灵毓秀，令人叹为观止。美国一位环球旅行家触景生情，赞美此地为"东方夏威夷"。2000年以来，九宝澜沙滩已开辟成休闲胜地、海滨浴场。周围有不同档次的旅店和宾馆，滩头林荫中遍布优雅的情侣屋和别致的简易帐篷。春秋之间，特别是夏天，观光消暑的游人纷至沓来，尤其是精力充沛的青年人。

到九宝澜游览，最好的时辰是晨昏。日出月落，自古就不乏摇笔杆子的人抒写，但大海吞吐日月的壮观景象，断难用文字表达，只有身临其境才能心领神会。若逢月夜，沙滩一片皓白，海上万点粼光，那情景就如明代秦邦锜所描绘的景象："月满琼波诸岛静，潮来银屋一帆开。"

2. 鹅尾神石

鹅尾神石园位于风景秀丽的湄洲岛国家旅游度假区最南端，占地32公顷，海拔65米，是一座天然的"石盆景"，有"小石林"之称，与北端举世闻名的妈祖庙景区遥相呼应。公园因其形似鹅尾，岩石奇特而得名。这些奇石神形俱佳，形象生动，引人入胜，蕴含美丽动人的妈祖传说和丰富的地质科普知识，已成为湄洲岛一处代表性的自然景观。

神石园由"金山坳""洞里洞外""海门""狮子山"和"神石冈"五部分组成，包括：海龟朝圣、仙佛照镜、飞戟洞、斧劈崖、鲤鱼十八节、海门、妈祖书库、龙洞听潮、情侣蛙、松海听涛等数十个景点。在神石园里，游人可以登高远眺，可以观赏到巨浪拍打着江岸，可以倾听渔舟唱晚，毗邻的海滨浴场、音乐休闲广场和森林儿童乐园，可供游人尽情嬉戏、休闲。

3. 湄洲祖庙

湄洲岛的妈祖庙被尊称为"湄洲祖庙"，创建于宋雍熙四年（公元987年），即林默娘逝世的同年，初仅数椽；经历代扩建，日臻雄伟。明著名航海家郑和七下西洋，回来奏称："神显圣海上"，于第七次下西洋之前奉旨来到湄洲岛主持特御祭，扩建庙宇。清康熙年间统一台湾，将军施琅奏称"海上获神助"，又奉旨大加扩建。它是当今世界上3000多妈祖庙的祖庙，是全世界2亿妈祖信众的精神故园。

湄洲祖庙雕梁画栋，金碧辉煌，是全世界华籍海员顶礼膜拜和海内外同胞神往的圣地。

湄洲祖庙在2006年被评为国家重点文物保护单位，妈祖祭典也于2006

年被列入了国家首批非物质文化遗产，2009年9月30日"妈祖信俗"成功通过了联合国教科文组织在阿联酋召开的评审，列入了《世界人类非物质文化遗产代表名录》，是中国首个世界级信俗类非物质文化遗产。

湄洲祖庙后方岩石上，有"升天古迹""观澜"等石刻。站在石上，顾盼茫茫大海，白鸥掠波，舟楫穿梭；山海相衔，海天相接。前方岩岸海床有大片辉绿岩，受风涛冲蚀，形成天然凹槽，潮汐吞吐之声，由远而近，初似管弦细响，继如钟鼓齐鸣，再若龙吟虎啸，终则像巨雷震天，骤雨泻地。扣人心弦的"湄屿潮音"因而驰名。

1. 尊重宗教信仰

宗教信仰是历史上形成的一种意识形态，它作为一种精神风俗，是极其复杂的，与民间的生产、生活各个方面发生千丝万缕的联系。游览妈祖神庙时，会看到一些妈祖信众对其进行参拜或者是举行各种祭祀活动。有时，你可能会觉得这些都很好玩，会说笑、指指点点，这其实是一种非常不礼貌的行为。你可以不信仰，但应尊重别人的宗教信仰。

2. 站在原地

如果是带着孩子出行，即使家长再小心，孩子有时也会因好奇而走失，或者是被人群冲散。那么，遇到这样的情况该怎么办呢？在日常生活中，父母就应对孩子进行这方面的教育。告诉孩子，如果不小心走失后，一定要冷静，不要慌张，待在原地，不要随便乱走，更不要跟着陌生人或"好心人"走。这样，父母才能尽快找到他们。

天气晴好的时候，金色沙滩上游人如织

潮起潮落·海边漫步

对每个久居都市的人们来说，大海都是神秘的。海是那么阔，天是那么蓝，让人不禁沉醉在其中。

　　在海边漫步，脚踏细沙，眼观潮起潮落。海风拂面，清爽怡人。大海特有的咸腥味直动人的心灵。海潮拍岸，海鸥起舞，沙滩上的脚印瞬间被冲洗得无影无踪。脚印没了，可是留下了珠贝、珊瑚、海星、水草等海物，捡起一枚贝壳，放在手心中，那就是大海给予的最好的礼物。

　　如果来到有礁石的地方，在其隐蔽的地方，有一些小动物生活在这里，反应灵敏的海蟑螂、借壳而生的寄居蟹、造型独特的藤壶……这些对每个人来说，都是一个新奇的世界。

反应灵敏的海蟑螂

海蟑螂又名海蛆、海岸水虱，节肢动物门等足目海蟑螂科。它是一种常见的岸栖甲壳类动物，虽然占一个"海"字，但是却鲜少在海中活动。不过，在遭遇危险时却会逃入海中。之所以被称为海蟑螂，是因为它貌似蟑螂而得名。

海蟑螂为世界性分布，亚洲、非洲、美洲沿海均有。在中国分布于沿海各地。其近似种西方海蟑螂主要分布于北美加利福尼亚。

通常，海蟑螂体长为 3～4.5 厘米。身体平扁，呈长椭圆形，黑褐色。除了头外，有 7 对步足分布在胸部。尾部腹面是呼吸器官，有 12 块薄膜。头上有大眼、对触须和嘴。在水中或陆地都靠保持湿湿的尾部腹面薄膜呼吸。主要生活在海岩石或旧木船上，并且以生物尸体及有机碎屑为食，为食腐动物。

在中国北方沿海各省，冬季气温在 6℃、水温在 4℃以下时，海蟑螂多

海蟑螂的爬行速度很快

蛰伏在高潮带以上海浪浸湿不到的岩石缝内，一般 10~20 个挤在一起，潜伏深度约 10~30 毫米不等。4 月中旬以后当水温 7~8℃时开始活动，5 月份水温达 12℃时全部离开蛰伏的石缝。一般皆成群活动，每群由 10~30 个个体组成。

　　海蟑螂有抱卵的习性。每年 11 月为抱卵孵化最多时期。早上或傍晚，就从栖身处向有食物的地方列队前进。海蟑螂是生活在高潮带的生物。冬天

1. 海蟑螂的繁殖力很高

2. 海蟑螂通常生活在岩石的缝隙中，如果细心寻找的话，一定能够发现它们的踪迹

常躲在岩石缝里，喜欢生长在肮脏的地方。

它们的爬行速度很快，据报道其步足每秒能跑 16 步。反应非常灵敏，一有惊扰，便会四处逃散，不慎落入海里或被海浪卷入水中的，大多成为鱼的果腹之物，很适合鱼的口味。

在海边，海蟑螂是非常容易寻找到的。来到海边，在观海的同时，不妨给自己留下一个任务——寻找海蟑螂。在寻找的过程中，既得到了乐趣，又增长了见识，何乐而不为呢！

这里风景独好

1. 海蟑螂并不是蟑螂

到海边去玩，常常可以看到一大群虫子在岩石上飞快地爬来爬去，让人不禁尖叫："有蟑螂啊！"错！错！错！海蟑螂虽然名字里有"蟑螂"两个字，却跟蟑螂一点关系也没有。

因为海蟑螂的甲壳不具有蜡质，不能防止水分蒸发，所以必须生活在有水的地方。海边的岩石上生长着许多海藻，又有浪花不时地拍打润湿，岩缝还可以用来躲避天敌，所以对海蟑螂来说那里真是完美的天堂，因此它们常在沿岸的石堆上爬来爬去。

海蟑螂长得不怎么可爱，但对鱼来说，它们却是非常美味的食物。喜欢在海边钓鱼的人，常常就地取材抓海蟑螂来当鱼饵，然后静静等待，一会儿鱼儿就禁不起诱惑上钩喽！

2. 独特的育儿方式

海蟑螂的育儿方式很特别。之所以说它特别是因为雌性海蟑螂孕育小海蟑螂的地方是在肢节的褶皱处。并且，一只雌性海蟑螂可以孕育数百只小海蟑螂，繁殖率相当高。一般，小海蟑螂会在长到比针眼大点时，脱离母体生活。这样的育儿方式，在动物世界里也算是独树一帜的。

1. 智取海蟑螂

海蟑螂是一种生活在海边的甲壳类动物，它善泳，窝做在礁石缝或防波堤水泥构件的夹缝中。海蟑螂行动敏捷，在陆地穿行时，人徒手很难捉住它，即使用捕虫网也不行。因为它聚居的礁石或水泥构件的夹缝处没有可以下捕虫网的空间，就算把捕虫网缩小到罐头瓶口大也无法扣住它。海蟑螂天生不走寻常路——喜欢走"崎岖"的路，所以它做窝处也是凹凸不平的。但海蟑螂又是众多海鱼特别喜欢的食物，当然也是钓友们的好钓饵。那怎样才能捕到海蟑螂呢？有人发明了"玻璃杯诱捕法"。

具体做法是：取一玻璃杯（筒状那种）或截去上部的矿泉水瓶。在杯底放几只小虾或一尾小鱼，最好砸烂它们。将玻璃杯贴地，呈60°角放置在礁石或水泥构件空隙处。海蟑螂会贪图杯里的美味而进入杯底。掉入杯中的海蟑螂是无法爬出杯口的。

至于这个方法到底灵不灵，就需要你来亲自试验了！

海港清洁工——海鸥

海边漫步，不仅能看到蓝天、碧蓝的海水、潮起潮落，更能看到在海上随着波涛一起飞翔的海鸥。

海鸥是一种中等体型的鸥。体长38~44厘米，翼展106~125厘米，体重300~500克，寿命24年。腿及无斑环的细嘴绿黄色，白尾，初级飞羽羽尖白色，具大块的白色翼镜。冬季头及颈散见褐色细纹，有时嘴尖有黑色。幼鸟虹膜褐色，嘴粉红色或淡褐色，与成鸟冬季相似，均具黑色次端斑；脚呈肉色。海鸥身姿健美，惹人喜爱，其身体下部的羽毛就像雪一样晶莹洁白。

每年4~7月是海鸥的繁殖期，它们结群营巢在海岸、岛屿、河流岸边的地面或石滩上。通常营巢内陆淡水或咸水湖泊、沼泽，也营巢于海边小岛上。有的地方鸟巢的密度很大，两个巢之间相距1~2米远。各亲鸟都划定自己的"势力范围"，不准其他鸟入侵。巢多置于紧靠水边地、水中小岛、芦苇堆和土丘。巢很简陋，由海藻、枯草、小树枝、羽毛等物堆集而成一浅盘状，有时亦带有少量芦苇。每窝产卵 2~5 枚，卵为绿色或橄榄褐色。雌雄轮流孵卵，孵化期为 22~28 天。

海鸥是最常见的海鸟，也是候鸟。其主要分布于欧洲、亚洲至阿拉斯加及北美洲西部。迁徙时见于中国东北各省。越冬在整个沿海地区包括海南岛及台湾，也见于华东及华南地区的大部分内陆湖泊及河流。

在海边、海港，在盛产鱼虾的渔场上，可以看到成群的海鸥漂浮在水面上，游泳，觅食，低空飞翔，喜欢群集于食物丰盛的海域。海鸥除以鱼

海鸥喜欢在食物丰富的海港聚会

1.飞得累了，就要学会适当地休息。一只海鸥正在优雅地着陆

2.海鸥之所以能在天空中自由地飞翔，是因为它们的翅膀是空心的

虾、蟹、贝为食外，还爱拣食船上人们抛弃的残羹剩饭，故海鸥又有"海港清洁工"的绰号。港口、码头、海湾、轮船周围，它们几乎是常客。在航船的航线上，也会有海鸥尾随跟踪，就是在落潮的海滩上漫步，也会惊起一群海鸥。

海鸥还是海上航行安全的"预报员"。乘舰船在海上航行，常因不熟悉水域环境而触礁、搁浅，或因天气突然变化而发生海难事故。富有经验的海员都知道，海鸥常着落在浅滩、岩石或暗礁周围，群飞鸣噪，这对航海者无疑是发出提防撞礁的信号；它还有沿港口出入飞行的习性，每当航行迷途或大雾弥漫时，观察海鸥飞行方向，亦可作为寻找港口的依据。

此外，如果海鸥贴近海面飞行，那么未来的天气将是晴好的；如果它们沿着海边徘徊，那么天气将会逐渐变坏。如果海鸥离开水面，高高飞翔，成群结队地从大海远处飞向海边，或者成群的海鸥聚集在沙滩上或岩石缝里，则预示着暴风雨即将来临。海鸥之所以能预见暴风雨，是因为海鸥的骨骼是空心管状的，没有骨髓而充满空气。这不仅便于飞行，又很像气压表，能及时地预知天气变化。此外，海鸥翅膀上的一根根空心羽管，也像一个个小型气压表，能灵敏地感觉气压的变化。

彩云悠然飘过，海鸥翩翩舞动着美丽的翅膀，在海面上自由地飞翔。欣赏着不同于照片上的美景，即使再糟糕的心情也会豁然开朗。带着孩子，海边漫步，收获的不仅仅只是知识，更有任何财富也换不来的好心情！

这里风景独好

1. 海鸥的"时装"

人们经常能够在海边或是海上看到海鸥，但是可以明显地看到，海鸥的成鸟和幼鸟时的羽毛"时装"是不同的。并且，海鸥成鸟在夏天和冬天也会分别"换装"。

一般，海鸥幼鸟的上体大致呈白色，具淡褐色横纹状斑点；尾上覆羽白而具褐色横斑，尾灰褐色，基部白色；初级飞羽黑褐色，其他飞羽褐色而具淡白色边缘。亚成鸟尾羽白而具宽阔的黑色次端斑，次级和三级飞羽淡灰色而具褐色块斑。

海鸥成鸟夏羽是头、颈白色，背、肩石板灰色；翅上覆羽亦为石板灰色，与背同色；腰、尾上覆羽和尾羽均为纯白色。第1、2枚初级飞羽黑色而具较大的白色次端斑，基部灰白色或在内翈形成较大型的灰色斑；其余初级飞羽灰色，由外向内各羽具由宽变窄的黑色次端斑及由小变大的白色端斑；内侧初级飞羽的黑色次端斑消失，仅存白色端斑；次级飞羽和三级飞羽为石板灰色而具宽阔的白色端斑。下体纯白色。

海鸥成鸟冬羽与夏羽相似，唯头顶、头侧、枕和后颈具淡褐色点斑，点斑在枕部有时排列呈纵行条纹，在后颈排列呈横纹。

如此看来，海鸥确实是鸟类的"时尚之王"！

2. 海鸥的飞行智慧

如果细心观察，就会发现一个奇怪的现象。那就是有时明明距离很近，但是海鸥却绕了一圈才到目的地。为什么会这样呢？这种飞法比直飞从距离算最少要增加两倍，中途还要多次转向，海鸥为什么舍近求远呢？

其实，这正是海鸥和其他鸟类的聪明之处。原来，鸟儿在飞翔时，起飞是最费力的环节，或者奋力扇动翅膀，靠空气对翅膀的反作用力，拔地而起，如直升机起飞的原理；或者平展翅膀，身体相对于空气平行运动，靠翅膀上、下面产生的压力差将身体托起，如普通飞机起飞的原理。而逆风起飞，利用了风对身体的相对运动，无偿地获得了升力。所以尽管多飞了一段路，却比直飞省力，看来海鸥确实是生物界节能的高手。

1. 礼貌谦让，懂得分享

其实，海鸥的真实世界并不如它们的外表那样优雅。因为在海鸥之间是不存在分享与礼貌的，它们会为了食物而偷窃，进而引发激烈的争斗。这是一个反面教材。

要知道，谦让是人生进步的阶梯，分享是一种人生境界。在生活中，有些人总是不习惯遵守秩序。比如，排队时总喜欢加塞；上电梯时总是喜欢抢先一步，也不管后面有老人和孩子等。此类现象并不少见。另外，还有一些人不懂得分享。也许有的人是因为性格的原因，导致他们不愿与人交流和沟通。但更多的人是自我惯了，不习惯于与人分享。那么，这些人肯定就不会知道分享的快乐。

我们每个人都应礼貌谦让，懂得分享。这样，我们才能体会到更大的快乐。对于一个人来说，与朋友一起分享自己的食物、分享自己的快乐，大家一起吃、一起玩，才是最开心的事情。礼貌谦让，从而建立深厚的友谊，做一生的朋友。有痛苦，大家一起分担，痛苦减半；有快乐，大家一起分享，快乐加倍。如此，生活还有什么困难能够挡住我们呢？

2. 绕道而行也是一种智慧

海鸥舍近求远的飞行智慧，无疑是让人称赞的。其实，在生活中，有时候也是需要绕道而行的。这并不是笨，也不是傻，而是一种生活的智慧。要知道，所有的事情并不是都能够直接解决，有时迂回绕远更省力。工作、生活都是如此。

但迂回不是否定走直道，毕竟两点之间直线最近。但如果这条直道太拥挤，那么，就不要傻傻地等待，而是应该寻找一条弯路，也许会更好。当然，这同样需要技巧，因为人们要的不仅是省时，还要高效。同样，当现实与理想有冲突时，也不要忘记绕道而行。在纷扰的尘世中，不要急功近利，要冷静地思考，明智地选择。在喧嚣中，你会发现，绕道的风景也很美，绕道的天空别样的蓝。

就像河流选择曲折的道路，这并不是一种愚蠢的行为，而是一种智慧。绕道而行，让河流避开障碍，更加轻松地奔向了大海。河流是如此，人类也是一样，曲折是人生的常态，因此，在难以逾越的障碍面前，不妨绕道而行。硬碰硬只会带来头破血流的结果，明智地绕开前方无法战胜的障碍，这不是怯弱，而是智慧。

海中智叟——海豚

提起海豚，人们都听说过它拥有超常的智慧和能力。在水族馆里，海豚能够按照训练师的指示，表演各种美妙的跳跃动作，似乎能了解人类所传递的信息，并采取行动，人们不禁惊叹这美丽的海洋动物如此聪明。

确实，海豚是一类智力发达、非常聪明的动物，它们既不像森林中胆小的动物那样见人就逃，也不像深山老林中的猛兽那样遇人就张牙舞爪，很恐怖，海豚总是表现出十分温顺可亲的样子与人接近。比起狗和马来，它们对待人类有时甚至更为友好。它们看起来友善的形态和爱嬉闹的性格，在人类文化中一向十分受欢迎。

海豚与鲸同属一个家族，它有一个发达的大脑，而且沟回很多，沟回越多，智力便越发达。它们广泛生活在大陆架附近的浅海里，偶见于淡水之中。中国沿海已知有 18 种海豚。

各种海豚的长度从小于 1.5 米到超过 9 米，重量从 40 千克到 10 吨不等。

雌性通常比雄性大。多数海豚头部特征显著，由于透镜状脂肪的存在，喙前额头隆起，又称"额隆"，此类构造有助于聚集回声定位和觅食发出的声音。一些海豚虽有额隆，但喙部较短，隆起的前额仅勾画出方头外观，多数海豚的体形圆滑、流畅，有钩状弯曲的背鳍（也存在其他形态）。某些海豚体表有醒目的彩色图案，另一些则是一致的图案色彩。主要以鱼类和软体动物为食。

海豚在所有海洋和部分河流都有发现，它们一般生活在浅水或至少停留在海面附近，不像其他鲸类那样长时间深度潜水。游速快并带有杂耍特征，

这是一只水族馆里的海豚，我们可以很清楚地看到它明显的额隆

主要以鱼类和乌贼为食，也捕食哺乳动物，比如其他鲸类、鳍足类、鸟类和大鱼。像其他齿鲸一样，海豚依赖回声定位进行捕食，甚至可以用高声强击晕猎物。

有些海豚是高度社会化物种，生活在大群体中（有时超过 10 万头个体组成），呈现出许多有趣的集体行为。成员间有多种合作方式，一个例子是，这些海豚群有时会攻击鲨鱼，通过撞击杀死它们。成员间也会协作救助受伤或生病的个体。海豚群经常追随船只逐浪前行，时而杂技般的跃水腾空，景象蔚为壮观。

海豚之所以这么聪明伶俐，是因为它有一个发达的大脑。一头成年海豚的脑均重为 1.6 千克，人的脑均重约为 1.5 千克，而猩猩的脑均重尚不足 0.25 千克。从绝对重量看，海豚为第一位，但从脑重与体重之比看，人脑占体重的 2.1%，海豚占 1.17%，猩猩只占 0.7%。海豚的大脑从外形上来看，很像人类的大脑，二者在大小、质感方面有很多相似之处。然而，海豚和人类的大脑工作方式并不相同。海豚的大脑分为两部分，这两部分大脑都有独立的供血系统，而且不会同时休息。当海豚休息时，一半大脑完全停止工作，而另一半则保持警觉，处理着各种生理功能。海豚的两只眼睛也分别属于两边不同大脑，当某一边的大脑处于睡眠状态时，另一边也可以提防敌人偷偷地接近它。

海豚不仅能救人于危难之际，而且是个天才的表演家，它能表演许多精彩的节目，如钻铁环、玩篮球、与人"握手"和"唱歌"等，更重要的是，海豚都有自己的"信号"叫声。比如在人群中，只有当准确地喊出具体某个人的名字，才能达到精准识辨和交流的目的。而海豚除了会用撞击声、嘀嘀嗒嗒的声音、跃出水面、用鳍拍打水面等方式来完成交流，也懂得使用"名

1. 海豚在水中矫健如飞

2. 海豚之所以能够在大海里游得那么快，还要得益于它的特殊"皮肤"

字"呼喊对方，目的同样是为了方便识辨和交流。

研究发现，每只海豚都有其独特的发音信号特征，在与其他海豚保持联系时，使用的始终是这一独特信号。值得注意的是，在混沌水域或长途漫游时，一只海豚还会模仿另一只海豚的独特信号，通过类似人类名字的独特叫声来保持相互之间的联系。海豚识别和模拟叫声，是向语言过渡的重要一步。原始人类在掌握语言之前也经历这一阶段。迄今为止，海豚是人类以外唯一被发现具有这种能力的动物。

在海洋中，雌海豚需要经过 5 年时间的生长才开始性成熟，并出现排卵现象，但想要真正地做"妈妈"则还需等待几年。与其截然相反的是，雄海豚一旦成熟，就整天泡在雌海豚群中，寻找自己的"意中人"。一旦热恋，则采取闪电战术，蜜月之后则会马上远走他乡。一看，这就是一个不负责任的"人"。

作为哺乳类动物，海豚有很多特征都与人类相似。不过，由于海豚是在海中生活，与人类的陆上环境不同，出生方式会有少许分别。幼豚出生的时候是以尾部先出，而人类婴孩则是以头部先出。雌豚一般要怀胎十一个月，才会诞下小海豚。

雌海豚在分娩时，会先将自己身体弯成拱形，同时奋力向前疾游，并大幅度弯曲尾部，这样持续近一小时，胎儿的尾叶尖才开始显露出来，再两小时，小海豚才会出生。一般初生的幼豚重约 10 千克，占母亲体重的 5%，体长为母亲的 45%。当幼豚整个身体从母豚身体钻出来的时候，母豚和其他雌豚便会帮助它到水面呼吸第一口气，随后幼豚便紧随雌海豚身旁。海豚是一种非常友爱的动物，当雌海豚在水中分娩时，其他的雌海豚便会聚集在一起，这是为了防范鲨鱼和虎鲸的入侵。分娩后，当母豚去寻找食物时，其他海豚则会细心照顾新生的幼豚，并且围成一个圈子，让幼豚在内安全地尽兴玩耍。

雌海豚如果不幸早产，为了让没有行动能力的小海豚呼吸，它会拼命地用自己的吻部把小海豚推向水面，并不断地重复这些动作，甚至停止觅食达两天之久。

初生的海豚主要靠母亲的乳汁为食，所以由出生开始便一直要紧紧跟随母豚，直至 3 岁左右，在学会捕鱼和其他求生技能之后，才会逐渐远离母豚群体，与朋友们一起生活。幼豚从母豚生殖孔两侧的乳头中吸取乳汁。哺乳时，母豚总是翘起自己的腹部极力将乳头靠近幼豚的嘴巴，靠幼豚的舌头和母豚乳头一起形成的管道，将乳汁射入幼豚嘴里，两侧乳头交替哺乳。一年后，幼豚的体重就会猛增到 64 千克，体长也会长至 0.6～0.7 米。

海豚是大型食肉动物，处于食物链的顶端，除了较为凶猛的鲨鱼之外，其他海洋生物基本不对其构成威胁。听觉是海豚最为灵敏的感官，捕食、游走和嬉戏，都是依靠听觉进行。但是，各种水下作业工程设备和日夜来往不息的大小船只，不仅惊扰了海豚的生活，海豚与船只"撞车"时有发生，这些人类活动的"噪音污染"，也使得海豚不堪其扰，身心受损，行为失控，压力倍增，生活习性出现异常。可以说，海豚面临这样的生存困境，最大的"真凶"还是人类，这值得大家深思和检讨。

这里风景独好

1. 识别身份信息

海豚是最聪明的水生动物，但美国科学家的发现还是让人对它们的聪明程度感到惊讶：海豚能够叫出伙伴的"名字"。这意味着海豚是除人类之外唯一能够识别身份信息的动物。科学家很早就知道海豚的叫声中有一些经常重复的信息，这些信息被认为是海豚的"名字"。但新的研究发现，即使没有音调和特定的发音主体，海豚也能记住并识别这些声音信息。不仅如此，两只海豚还会在交流中提到第三只海豚的名字。

在实验中，科学家们没有向海豚播放它们亲友实际叫声的录音，而是播放一种隐去了发音主体声音特征的合成信息，结果，多数情况下，被测试的海豚都有明显反应。但科学家们表示，海豚的这种声音交流还远不能算是语言。

2. 懂得向人类求救的动物

长相可爱的海豚,一直被认为非常聪明,学界甚至有海豚智商仅次于人类的说法。那它到底聪明在何处呢?曾经有人就见证过海豚的聪慧。在夏威夷,有一只被钓鱼线缠住的海豚竟然游到潜水教练跟前求救,要求人类帮忙解困,非常神奇。

原来,这名潜水教练正带着一群学员准备下海。但是还没来得及下海,就有只海豚直直游过来找上这名潜水教练,还叫出了声,一伙人看傻了眼,不敢相信海豚竟然是"开口"求救。海豚要人救什么,当然不是找人抓痒,它一直往潜水教练身上蹭。聪明的教练则早看出海豚游起来有些不自然,必有蹊跷。经过检查,发现原来海豚的胸鳍被钓鱼线缠得特别紧,潜水教练耗费好几分钟都未能解开,最终只能将钓鱼线剪断,这才帮助海豚脱困。他还称,在剪断钓鱼线时,海豚表现得十分安静,还不断配合转动身体,摆出最好角度,方便教练动手。

聪明的海豚竟然懂得向人类求救,潜水教练拿起剪刀想剪断钓鱼线时,海豚也似乎听得懂指令,将身体微微侧向一边,时而还闭起眼睛,像是在忍耐着不舒服等待脱身。当时这群正在夏威夷游玩的潜水客表示,他们也曾经解救过被钓鱼线缠住的魔鬼鱼,但碰上海豚主动求救,还真是头一遭。

3. 特殊的"皮肤"

好的体形是游得快的前提条件。但即使有了最好的体形,在大自然里,要想成为游泳健将,还有许多细节需要完善。动物在水中游动时,一般会造成一些小小的漩涡。这些小漩涡影响了动物的游速。不过,海豚有解决这个问题的办法。

原来，海豚的滑溜溜的皮肤并不是紧绷的，而是富有弹性的。在游动时，海豚收缩皮肤，使上面形成很多小坑，把水存进来，如此在身体的周围就形成了一层"水罩"。当海豚快速游动时，"水罩"包住了它的身体，和它的身体同时移动。借助这个水的保护层，海豚游动时几乎没有摩擦力，也不造成漩涡。

1. 与人友好相处

之所以人们觉得海豚可爱可亲，除了它可爱的外表之外，最重要的是因为海豚与人友好，在人类遇到困难时也乐于伸出援助之手。

那么，在现实生活中我们该如何与人友好相处呢？

与人相处是一门艺术，不管你有多高的文化、多大的本事，如果不懂得处世待人，也必定是一个失败的人。

与人相处要学会低调。低调做人，是一种品格，一种风度，一种修养，一种胸襟，一种智慧，一种谋略，也是一种至高无上的境界，宠辱不惊的情怀，是做人的最佳姿态。欲成事者必要宽容于人，进而为人们所悦纳、赞赏、钦佩，这正是人能立世的根基。

与人相处还要学会尊重。礼貌是一个人的根本，倘若无礼的话又怎么能得到别人的好感呢？大家生活在礼仪之邦，信奉仁义道德，从小就接受了诗书教化，自然明白要以礼待人。但有些人把阿谀奉承误认为温和识礼，更多的人把粗鲁无礼错认作坦率真诚，可是礼貌跟知识、生命是同等并重的。先贤早就告诫过人们："爱人者，人恒爱之；敬人者，人恒敬之。"一个不尊重他人的人，也绝不会得到别人的尊重。

当然，还有很多细节，这需要细心体会，并融入自己的人际交往当中，渐渐地，你就会发现与人友好相处并没有那么难。

2. 遇到困难懂得求助

海豚是非常聪明的动物，它们除了会主动帮助人类，就是自己在遇到困难时也懂得向人类求助。懂得求助，这一点是值得每一个人学习的。比如，在工作当中，如果遇到不好解决的问题，自己一个人解决不了，此时就可以向你的团队其他成员求助，还不行还可以向其他前辈认真求教。如此，才能解决问题，生活也是如此。

如果你下班较晚独自回家或外出时，发现有陌生人在后面尾随，一定要想办法将其甩掉。最好是向人多的地方或是十字路口方向走。人多的地方可以迷惑坏人，能够模糊坏人视线，从而甩掉他们，而十字路口一般会有执勤交警，向其求助以摆脱尾随者。

超强附着力的藤壶

藤壶是附着在海边岩石上的一簇簇灰白色、有石灰质外壳的小动物。它的形状有点像马的牙齿，所以生活在海边的人们常叫它"马牙"。藤壶体表有个坚硬的外壳，常被误以为是贝类，其实它是甲壳动物。藤壶不但能附着在礁石上，而且能附着在船体上，任凭风吹浪打也冲刷不掉。藤壶在每一次蜕皮之后，就要分泌出一种黏性的藤壶初生胶，这种胶含有多种生化成分和极强的黏合力，从而保证了它极强的吸附能力。

藤壶类的柄部已退化，头状部的壳板则增厚且愈合成"火山状"。在顶部的"火山口"有4片由背板及盾板组成的活动壳板，由肌肉牵动开合，藤壶可由此伸出蔓脚捕食。组成"火山壁"的壳板并非实心构造，由底部观察可以发现它们是由中空的隔板所组成。"火山"内的藤壶身体与茗荷类一样，像一只仰躺的虾，蔓足在上朝向顶部的开口，主要捕食浮游动物中的桡脚类及蔓足类的幼体为食。常形成密集的群落，布满岩石表面。

藤壶分布甚广。在海岛，凡有礁岩处便会有藤壶，海底岩石任生长，阳光海水任享用，比别的水族惬意得多了。它们数量繁多，常密集住在一起。关于藤壶的这一生活习性，在渔民中流传着这样一个有趣的传说：

　　龙王公主想上岸观赏人间美景，龙王担心岸边礁岩太滑溜，会跌坏心肝女儿，便下令在水族中招"门槛石"，铺在礁岩上为龙王公主垫脚。谁愿承担这一重任，海里礁上任凭来去，不必再受管束。

　　水族们平日老埋怨水底的日子太沉闷，有这么个好机会，都争着报名，竞争激烈。龙头鱼凭自己沾了个"龙"字，第一个应试。它们一条挨着一条

附着在岩石上的藤壶，犹如一朵朵美丽的小花

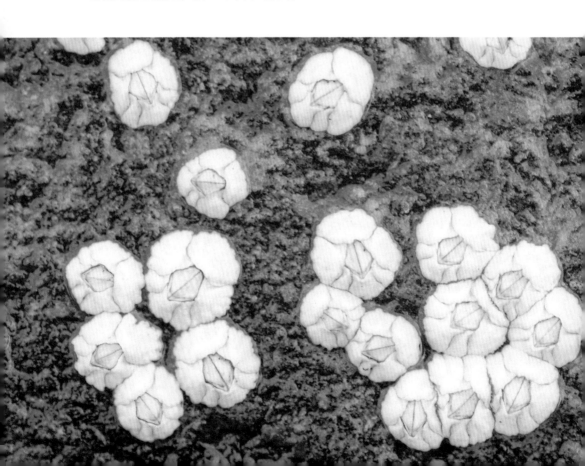

1. 这是鹅颈藤壶，有"来自地狱的海鲜"之称。单从它的外表看，就像一件美丽的陶瓷制品

2. 岩石的表面被藤壶全部占满了

横卧在礁岩上，让龙王公主踩着走。可龙头鱼们平日娇生惯养，身子虚弱，龙王公主踩上去才走了两步，它们便吃不消了，一条条东倒西歪的，让龙王公主摔倒了。

龙王大怒，把龙头鱼们狠狠打了一顿，打得它们鳞也脱了，骨头也酥了。水族们吓坏了，不敢再试，只有藤壶挺身而出。这藤壶原在龙宫御膳房打杂，把平日用坏的酒盅碗盏一一保存着，这一回派上用场了。它们把破酒盅残碗盏往身上一罩，一层层附在岩礁上，龙王公主踩上去稳稳当当的，一走走到了岩顶。

从此，藤壶们便既能在水底又能在礁岩上生活了，时间一长，那些酒盅碗盏就成了保护身子的硬壳了。

人们在海岸边所看到的藤壶外形，一般分为两种：一是鹅颈形藤壶，它们经由一个不同长度、呈圆柱形的茎，附着在硬物上；另一种是圆锥形藤壶，它的外壳由复杂石灰质所组成，看上去像座火山缩小的外形。以上这两种形式的藤壶开孔部，都有一个由许多小骨片所形成的活动壳盖。当水流经过孔部时，壳盖会打开，会由里面伸出呈羽状的触手，有 4 片由背板及盾板组成的活动壳板，由肌肉牵动开合，滤食水中的浮游生物。等到退潮后，壳盖会紧紧地闭起，以防止体内的水分流失及防御其他生物的侵扰。虽然藤壶有很坚硬的外壳保护，但海中的海星、海螺及天上的海鸥，还是会把它视为食物对象。

这里风景独好

1. 藤壶的诞生

藤壶是雌雄同体，行异体受精，能够从水中直接获取精子受孕。由于它们固着不能行动，在生殖期间，必须靠着能伸缩的细管，将精子送入别的藤壶中使卵受精。待卵受精后，经三四个月孵化；此时，刚孵化出的小幼苗即脱离母体，但必须过几个星期的漂浮日子，才能附物而居。在它准备附着时，会分泌一种胶质，使本身能牢牢地附着在硬物上。

2. 超强的适应力和附着力

许多种类的藤壶在附着时，不会有特定的场所，从海岸的岩礁上、码头、船底等，凡有硬物的表面，均有可能被它附着上，甚至在鲸鱼、海龟、龙虾、螃蟹、琥珀的体表，也常会发现有附着的藤壶。

海边圆锥形藤壶的个体不大，但吸附力极强，若想用手把它从附着物上拔起，那几乎是不可能的事，必须借助凿子类的硬金属才能将它敲下来。也因为它有坚硬且附着力强的外壳，常会造成岸边戏水者无意间的伤害。

由此可见藤壶的超强适应力与附着力。

3. 来自地狱的海鲜

鹅颈藤壶在中国被称为狗爪螺，是藤壶类生物。又名海鸡脚，有"来自地狱的海鲜"之称，生活在海流交换较为频繁的岛屿礁石缝隙里，它的生长环境对水质要求很高，微量元素高，味道鲜甜。

它是欧洲人都为之疯狂的美味。这种生物长15厘米，头部呈长柄状附着在基部底上，具有白色钙质骨板，骨板开口边缘为橙色。终日不断伸缩其褐色的羽笆状附肢，以捕食浮游生物为生。常附生在浮木或其他物体上。

1. 学会独立

小藤壶从一出生就开始独自生活，其独立性是非常强的。当然，这与它们自身的进化繁衍有关，可是它的独立性还是值得人们学习的。

在现实生活中，有些人虽然已经成年，但是由于从小就被父母捧在手心中，使得他们长大后也缺乏自主思考、独立生活的能力。在工作和生活中，都不能摆脱对父母的依赖。因此，对于未来，他们也是很彷徨和无措的。

那么，如何才能学会独立呢？虽然，现在醒悟，但是为时也不晚。无论何时都不要去考虑别人用什么样的眼光去看你，更不要在心底对别人有所依赖，那么你就是独立的。要知道，站在尘世的大地上，每一个人，每一个事物，都有自己存在的价值和位置，当你的心向别人倾斜时，你的身影已经倒下了。学会独立，加强内心，承受外在随时发生好坏事情的能力。改变自己，永远比去跟他人计较争执重要。

做一个内心坚强的人，做一个自信的人，任何时候都相信自己，都依靠自己，那么，你就是独立的一个人！

海中的星星——海星

大海是非常包容的，在它的怀抱里生长和生活着各种植物、生物。其中有一种体呈星形的一类棘皮动物，被人们叫作"星鱼"。其实，它就是海中的星星——海星。

海星是一种生活在海底的无脊椎动物，非鱼类。它们的体形很怪，没有头，也没有尾巴，整个身体又扁又平，好像多角形的星星，所以有了"星鱼"的称呼。在西方，海星也被称作轮星鱼。海星体色鲜艳，多呈鲜红、深蓝、玫瑰色、橙色，有的在粉红色的底色上点缀着紫色的虫纹状花纹和镶边，有的在蓝色中有红斑和红边。许多海星可以随环境变化改变体色。

海星的种类很多，现存1600种，而我国沿海有100多种。它们主要分布于世界各地的浅海底沙地或礁石上，有五角形的罗氏海盘车，凸起如帽的面包海星，皮棘如瘤的瘤海星，生有镶边的砂海星，腕短而色蓝的海燕，腕细如爪的鸡爪海星和状如荷叶的荷叶海星等。它们身体表面有许多凸凹不平的"疙瘩"，这是棘状突起，主要是由钙质的内骨骼突出表面皮肤而形成的。主要通过皮肤进行呼吸。腕端有感光点。多数雌雄异体，少数雌雄同体，有的可以无性分裂生殖。

虽然常栖息海底，但有时海星会随着潮涌被冲到海边，有时赶海幸运的话也会捡到一只漂亮的海星。其实，海星是一个懒散的家伙，不是很爱活动。平时，总是腹面着地慢慢活动，捕捉食物或逃避敌害。海星在水底移动时并不用腕，而是用长在每支腕下部的管状足。海星每条腕的腹面中央各有

一只被冲到沙滩上的红色五角形海星

一条沟，沟内有许多管足，末端有吸盘，数目很多，成百上千，里面充满液体，全身相同，形成一个复杂的水管系统。靠水压的作用使管足蠕动而产生运动，在海底，海星每分钟可缓慢地爬行 10 厘米，最快 20 厘米。

海星吸附在岩石上，将管足内的液体排到专门的囊中，使管足内部形成真空，所以吸附得非常牢固，即使狂风巨浪也奈何不了它。当海星需要活动时，液体再流回到管足中，身体就可以自由活动了。每个管足都有神经纤维控制，靠肌肉的局部收缩或舒张，能使海星 360°自由活动。海星的 5 个腕动作并不完全一致，其中有一个腕特别活跃，不停地伸缩，有人认为这条腕起着头的作用，支配其他器官；一旦这条腕被砍掉，会有另一条腕取代其作用。

其实，海星的腕并不只有 5 个，也有 4 个、6 个，甚至多达 40 个。海星虽没有眼睛，但身上有很多化学感受器，可以察觉水中食物来源，很快找到食物。原来在它们的每条腕上都有红色的眼点，这起着眼睛的作用，并且能够让它们感觉到光线。眼点的周围有短小的触手，具有嗅觉作用。海星的嘴在其身体下侧中部，可与海星爬过的物体表面直接接触。海星的体形大小不一，小到 2.5 厘米，大到 90 厘米，体色也不尽相同，几乎每只都有差别。

海星属于能迅速再生的动物之一。如果一只海星的一只触角被切断的话，过一段短时间，海星便能长回触角，而少数海星切下的触角本身也会长成一只海星，具有蚯蚓、蜥蜴、龙虾、水螅纲生物、蜗牛和再生力最强大的涡虫等生物的特点。

由于海星的活动不能像鲨鱼那般灵活、迅猛，故而，它的主要捕食对象是一些行动较迟缓的海洋动物。海星看起来温文尔雅、与世无争，实则不少

1. 多角形海星

2. 紫海星与周围的环境巧妙地融合在了一起，这也是它们的生存本能

种类都是凶猛的肉食者，经常欺凌弱小动物。它们大量吞食温顺的贝、游动的小鱼、美丽的珊瑚和多刺的海胆等。海星的食量很大，一只海盘车幼体一天吃的实物量相当其体重的一半多。

它们在发现贝类等猎物时，就用活动的腕将其捉住，并调整贝类的位置，使它的壳顶朝下，然后用强有力的腕和管足将壳打开，直接将口中的翻出的胃伸进贝类壳内，从容不迫地美餐一顿。虽然贝类的强有力的闭壳能使双壳紧闭，以保护自己，但海星的拉力更大，一只直径 22.5 厘米的海盘车就有 40~50 牛的拉力，且能坚持 6 个小时之久。海星的耐力也相当惊人，据试验，一只直径 40 厘米的海星，用两天一夜的时间将一只需要 50 牛的拉力才能打开的模拟贝类打开了，而且只要把贝类的双壳拉开几毫米就可以了，因为海星的胃能从直径 0.2 毫米的小孔里钻进去取食。

其实，海星是海洋食物链中不可缺少的一个环节。它对海洋生态系统和生物进化还起着非同凡响的重要作用。它的捕食起着保持生物群平衡的作用，如在美国西海岸有一种文棘海星时常捕食密密麻麻地依附于礁石上的海虹。这样便可以防止海虹的过量繁殖，避免海虹侵犯其他生物的领地，以达到保持生物群平衡的作用。

因此，人类应克制自己，不要滥捕滥捞，不要污染环境。从小做起，从自身做起，如此才能为海星提供一个良好的生存空间和环境。

这里风景独好

1. 浑身都是"监视器"

浑身都是棘皮的海洋动物——海星有着奇特的星状身体，它的盘状身体上通常有5只长长的触角，但看不着眼睛。人们总以为海星是靠这些触角识别方向，其实不然。美、以两国科学家经过研究发现，海星浑身都是"监视器"。海星缘何能利用自己的身体洞察一切？

原来，海星在自己的棘皮皮肤上长有许多微小晶体，而且每一个晶体都能发挥眼睛的功能，以获得周围的信息。科学家对海星进行了解剖，结果发现，海星棘皮上的每个微小晶体都是一个完美的透镜，它的尺寸远远小于人类利用现有高科技制造出来的透镜。海星棘皮中的无数个透镜都具有聚光性质，这些透镜使海星能够同时观察到来自各个方向的信息，及时掌握周边情况。在此之前，科学家以为，海星棘皮具有高度感光性，它能通过身体周围光的强度变化决定采取何种隐蔽防范措施，另外还能通过改变自身颜色达到迷惑"敌人"的目的。

2. 魔术般的再生能力

海星的绝招是它分身有术。若把海星撕成几块抛入海中，每一碎块会很快重新长出失去的部分，从而长成几个完整的新海星来。这种惊人的再生本领，使得断臂缺肢对它们来说是件无所谓的小事。

例如，沙海星保留1厘米长的腕就能生长出一个完整的新海星，而有的海星本领更大，只要有一截残臂就可以长出一个完整的新海星。海星的腕、体盘受损或自切后，都能够自然再生。海星的任何一个部位都可以重新生成一个新的海星。那么，海星为什么会拥有这种魔术般的再生能力呢？科学家发现，当海星受伤时，后备细胞就被激活了，这些细胞中包含身体所失部分的全部基因，并和其他组织合作，重新生出失去的腕或其他部分。

一般来说，生物越简单再生能力就会越强，研究海星的再生能力，对研究人体组织的再生会有很大启迪。当然海星并非被人或其他动物撕成小块后靠再生能力产生新个体，而是以有性繁殖增加它新一代的成员。

3. 海星的狩猎

海星平时在海底缓慢行进或静伏海底，不动声色，一旦遇到牡蛎等贝类，就突然跃起，用腕紧紧抓住猎物，接着用其强而有力的吸盘管足把紧闭的贝壳使劲拉开，然后用胃由口翻出体外，挤入贝壳，包着贝类的身体，分泌消化液，慢慢地消化比它口大数十倍的猎物。吃完猎物，将胃和已消化的食物慢慢由口收回体内，而将贝壳和大量的食物残渣遗弃在体外。由于海星采用体外消化食物的方式，因此就不愁对付比它口大数十倍的食物了。

它们的主要捕食对象是一些行动较迟缓的海洋动物，如贝类，海胆、螃蟹和海葵等。还会吃珊瑚。海星的食量很大，一只海星幼体一天吃的食物量相当其本身重量的一半多。

1. 做事讲究策略

现在很多人喜欢带着自己的家人，一同到海边散心、旅游，这样不仅能够让每一个家庭成员都将内心的负能量释放出来，更可以增进家庭成员之间的感情，形成家庭凝聚力。既然是家庭出游，自然少不了孩子的身影。这可是一个难得的海边"课堂"，在这里有生动的动物，是寓教于乐的好机会。那么，家长就可以为孩子介绍一下海星。

海星在狩猎时，非常讲究策略和方法，使得狩猎成功率大大提高了。而现实生活中，孩子因为年龄小，加上又缺乏生活经验，做起事情来往往没有条理，不会想办法，总是东一榔头西一锤子的，常常事情没有做好，还弄得一团糟。如果此时父母不注意引导，孩子养成了盲目做事的习惯，这会严重影响到他以后的学习和生活。

对此，父母不妨这样做：

首先，培养孩子的时间观念。没有时间观念的孩子，做起事来总是拖拖拉拉，根本谈不上什么方法，也缺乏效率。这样的孩子，常常是学没学好，玩没玩好。父母应有意识地培养孩子的时间观念，让孩子明白什么时间应该做什么事，如养成良好的作息规律、按时吃饭等，这些都是做事有计划的前提。

其次，引导孩子用不同的方法去完成同一件事情，并比较各种方法的优劣。时间一长，孩子自己做事时，就能首先想到如何找到最佳解决方案。如，设定一个目的地，问孩子应该采用什么方式到那里，是步行、骑车，还是坐车？哪一种方案更好？必要的时候，父母可以和孩子一起实施各种方法，让孩子亲身感受到不同方法所带来的不同感受。

海底漂亮的海星

海边的清道夫——寄居蟹

　　海边漫步，时常看见金色的沙滩上、嶙峋的礁石间跑动着一些古灵精怪的贝壳，不知海事的人，以为是会爬动的贝壳，其实那是一种名叫寄居蟹的海蟹。

　　寄居蟹又称为虾怪、"白住房""干住屋"。因常寄居于死亡软体动物的壳中，以保护其柔软的腹部，故名。世界上现存近1000种寄居蟹，绝大部分生活在水中，也有少数生活在陆地。更有一些寄居蟹不再寄居在甲壳里，而是发展出了类似螃蟹的硬壳，也叫硬壳寄居蟹，著名的椰子蟹即属此类。常见的寄居蟹可分为两大类：寄居蟹总科和陆生寄居蟹总科。

　　世界性分布，中国多产于黄海及南方海域的海岸边，通常能在沙滩和海边的岩石缝里找到它。寄居蟹以螺壳为寄体，平时负壳爬行，受到惊吓会立即将身体缩入螺壳内。在中国沿海较常见的品种有方腕寄居蟹和栉螯寄居蟹。方腕寄居蟹比栉螯寄居蟹体形稍大，寄居的螺体最大直径可达15

厘米以上。寄居蟹的寿命一般为 2~5 年，但是在良好的饲养环境下，经常可以活到 20~30 年，有记录记载最长的活过了 70 年。

生活在沙底、泥底水中，偶尔也在陆上或树中。腹部柔软，不对称，常向右盘曲。有两对触角和 4 对足。第 1 对足变形为螯，右螯较大，体缩入螺壳时用以挡住壳口。第 2、3 对足用以爬行。第 4 对在腹部末端，用以抓住螺轴。雌蟹的腹部附肢用以携卵，直到孵化。幼体孵出后立即进入水中寻找空壳。

它和其他种类的蟹一样，身体长到一定的大小，就会褪壳，褪壳后的寄居蟹通体软绵绵，像一团透明的玻璃胶。长大了的寄居蟹，原来顶在身上的

借壳而生的寄居蟹

贝壳太狭窄了，容不下长大了的身躯，也磨损了、破旧了，于是利用褪壳后身体软绵的机会，放弃旧的壳子，寻找一个更大的贝壳，将软绵绵的身体缩进去，待自身表面的壳变硬后，身子也出不来了，要出来，就得等到下一次褪壳的时候。当然，爱美贪靓的雌性寄居蟹，在褪壳期也会寻找一个花色更漂亮的壳子作为自己的寄居处所，并以此作为吸引异性的资本。大海中的贝壳千姿百态，琳琅满目，因此，寄居蟹的体态也相应地多姿多彩，琳琅满目，有的顶着黑褐色的深水螺，有的顶着尖尖的金针螺，有的顶着花斑的东风螺……寄居蟹的汇聚，俨然成了贝壳的博览会，一个比一个美丽，也一个比一个古怪，像开化装舞会，永远看不清对方的真面目，美与丑全看它所选择的贝壳。

由于寄居蟹食性很杂，是杂食性的动物，它们被称为海边的清道夫，从藻类、食物残渣到寄生虫无所不食，对家庭养鱼爱好者来说，在水族箱里放一两只寄居蟹会起到清洁工的作用。

浩瀚的大海，奇诡的波涛，变化莫测的海底，满布狰狞恐怖的死亡陷阱，时刻演绎着一幕幕无情的弱肉强食的目不忍视的杀戮场面。为了生存，就不得不择手段。在大鱼吃小鱼、小鱼吃虾米的无情海洋世界里，弱小生物每时每刻都可能成为强者口中的美味佳肴，葬身于鱼腹之中，要想和平、平安、自由地生活，就得练就一身防袭本领。寄居蟹之所以能在复杂的环境下自由、写意、安然地生活，因为选择了"借壳生存"的方式，虽然是一种无奈，但是充分体现了物竞天择的生存法则。

它为了在充满杀机的海底世界里好好生存，生息繁衍，从降生的那天起，就本能地或在父辈的谆谆教导下，寻找一个已经死去的贝壳，钻入壳中，利用坚硬的贝壳，作为天然屏障，保护身躯，保护生命。它以寄居的方

1. 寄居蟹是一种非常智慧的生物，也正因如此，它才能在复杂的环境中活下来

2. 死去的贝壳、螺类是它们最佳寄居场所

式求生存，无疑是最杰出的天才思维，最聪明智慧的巅峰之作。这种保护方式，也显得比较简单、直接、有效、稳妥，敌人就是连壳将它吞进肚里，它也不怕，它会在敌人肚里伸出爪子轻轻抓一下敌人的肠胃，敌人不得不乖乖地将它呕吐出来，并且这种痛苦难受的滋味会像噩梦一样伴随敌人的一生，令敌人在往后的日子里对它们望而生畏。同时，由于它的肉体缩在贝壳内，只将几个爪子伸出来，因此，它不仅像其他蟹那样可以横行，可以像人一样，站立起来飞奔，还可以在前进途中随意改变前进的方向。敌人袭击追赶它时，它就不断改变逃遁的方向，弄得敌人晕头转向，无所适从。若敌人的速度快，眼看就要落入虎口的危险一刹那，它会突然停步，迅速将爪子缩进壳内，令敌人无可奈何，当然，它还可以爬上陆上，让敌人的希望落空。

寄居蟹就是凭着出色过人的智慧，巧妙利用其他生物的坚固躯壳，保护自己，为弱小生命在恶劣环境下赢得生存，谱写了一首动人心的辉煌生命之歌，令人肃然起敬。

1. 滑稽的"智者"

寄居蟹是生活在水底的，但又常常从水中爬上岸边，在淤积于石缝间的垃圾中寻食，酒足饭饱后，便像个"智者"一样，静静蛰伏于光洁的礁石或细软的沙滩上，一边沐浴明媚的阳光，一边优哉游哉地听大海纵情歌唱。它灵敏而又机警，那些到海边捡拾海螺的人们还在很远处，它就接收到了危险的信息，早早潜入水底藏起来，待人们的脚步远去，它在水底也待闷了，耐不住心头的寂寞，又悄悄爬上来。它离开水面的时候行动非常小心谨慎，爬一下，停一停，慢慢转动身子，警觉地谛听一会儿，认为安全了，才加快脚步。它喜欢群居，三五成群在礁石间嬉戏，有时十几只组成浩浩荡荡的队伍，像一群匆匆赶路的马队，风驰电掣地掠过沙滩，身上顶着各式各样的壳子，像驮着一袋袋货物，一颠一抖的滑稽样子，令人忍不住捧腹大笑。

2. 和谐的共生

任何两种生物住在一起的情况称为共生。寄居蟹所背负的壳是底栖生物良好的硬基质，其上有非常多的生物与之共生。其中，刺胞动物（特别是海葵和水螅虫）为体形较大，也是研究较为详尽的。

大多数寄居蟹与刺胞动物的共生关系并非是绝对的，其间的关系亦非一对一；多数的关系是互利共生，海葵的刺丝胞能提供蟹某些程度的保护；而海葵可在壳上获得栖息的硬基质，在蟹觅食时可获得碎屑。水螅虫也能提供寄居蟹一些程度的保护，并避免其他大型有害的附生物在壳上形成聚落；而水螅虫除了可获得碎屑外，也能借以避免被底质淹没，甚至当寄居蟹聚集时也能促进水螅的有性生殖。

在建立寄居蟹和海葵的共生关系时，双方均可能采取主动，视种类而异。两者均有固定的行为过程完成此关系，亦可以人为方式来触发此一行为过程。寄居蟹会把海葵置放在壳上的适当位置以获得重心的平衡或有效地防御敌人。无捕食者存在时，寄居蟹会逐渐丧失获得海葵的行为，然而有捕食者时，此行为会立即恢复。优势个体可自劣势者取走海葵这一资源。

3. 武力"搬家"

寄居蟹的房子有海螺壳、贝壳、蜗牛壳，甚至由于生态环境恶劣而用瓶盖来充当家。寄居蟹长大后，必须要找一个适合自己的房子，就向海螺发起进攻，把海螺弄死、撕碎。然后，钻进去，用尾巴钩住螺壳的顶端，几条短腿撑住螺壳内壁，长腿伸到壳外爬行，用大螯守住壳口。这样，它就搬进了一个新家。除此之外，贝壳也是很好的家，环保又坚固。

4. 海栖与陆栖的分别

寄居蟹有海栖和陆栖之分，那如何分辨它们呢？一般海栖的寄居蟹会在海洋里或海滩礁岩浅水里被发现，而陆寄居蟹则在海滩沿岸等内陆地带被发现。

其次便是两对螯脚的大小，陆栖寄居蟹的左螯脚比右螯脚大，而海栖寄居蟹则并不一定是这样。海栖寄居蟹的螯脚可以是相同大小，或者右螯脚小于左螯脚，或者左螯脚小于右螯脚。

1. 在复杂的环境中生存

寄居蟹的适应能力极强，它能很好地在复杂的环境中生存，并创造一片属于自己的天地。人生有很多阶段，每个阶段都可能带来新的环境，新的变化。这些环境和变化通常都伴随着复杂和各种不确定性。那么，如何在如此复杂的工作环境下生存？其实，自己简单了，世界就简单了。如果不去计较太多，做好自己的事情，也就没有了恩怨纷争了。

在复杂的情况下，缄默有时是最好的处理方式。人有时候需要大智若愚，有时候需要难得糊涂。不要把自己摆在聪明者的角度，否则就会有杨修一样的命运。没有人会完全相信你自己，所以不要过分依赖一些关系。找好参照物，利用各种复杂关系之间的利益格局，就能生存下来。

在复杂环境中做事情要复杂化，要懂得迂回；而做人，要简单化，值得信赖。所以在复杂的环境下，书面的东西很重要，这是诚信的依据。很多事情也许不该自己做，但是也要去承担，这是一种姿态，也许一定会错，但是尽可能降低错误的风险。

在复杂的环境下，生存是不容易的，只有审时度势，才能决胜千里。人生也因为这些复杂的环境，变得越来越有意义。

2. 摆脱共生

共生现象在生物界普遍存在，本来是生物学上的概念，是指两个生命或生物体紧密联系，相互依存，共同起作用，并相互优化对方，朝向共同利益方向发展。比如，寄居蟹和海葵的共生关系。

其实，从某种程度上来说，父母与孩子也是一种共生关系。不过，与生物界的共生现象不同的是，父母应及早与孩子摆脱这种共生关系。如果，你已身为父母，那么这个问题就是一个值得思考的问题。因为父母对孩子的爱，是人世间唯一一种注定分离的爱。所以，在孩子还小的时候，就要逐渐地摆脱共生，及早地让孩子学会独立，学会生活。这才是对孩子真正的好。

本书图片主要来源于 123RF 图库

本书中部分图片未能联系到拍摄者或版权所有人，见图后请联系我们：

邮　箱：hs1903@163.com　　联系电话：010-52069416